AF590765

MÉMOIRE

SUR

LES TERMITES

OBSERVÉS A ROCHEFORT

ET DANS DIVERS AUTRES LIEUX

DU DÉPARTEMENT DE LA CHARENTE-INFÉRIEURE,

par

M. BOBE-MOREAU,

Docteur en Médecine, ancien Médecin et Officier de Santé en chef de la Marine, retraité.

Sæpè, enim, magnæ urbes, à minutis animalibus deletæ sunt. Aldrovandi de animal. insect. Liv. V, p. 524.

Car de grandes villes sont souvent détruites par de petits insectes.

SAINTES,

IMPRIMERIE D'ALEXANDRE HUS.

1843.

AVERTISSEMENT.

Après avoir long-temps attendu la publication du Mémoire, sur les Termites, que j'avais confié, il y a quatre ans, à feu M. Audouin, membre de l'Institut, qui devait l'enrichir de ses observations ; ces insectes, qui depuis longues années avaient envahi, à Rochefort, les établissements maritimes et un grand nombre d'habitations de cette ville ;

Nota.—Dès que j'eus constaté les faits principaux que contient ce Mémoire, j'en fis la lecture à la Société d'agriculture, sciences et arts de Rochefort. Ce travail y fut déposé, pour être consulté par les concurrents aux prix successivement proposés par cette société, pour la destruction de ces insectes dangereux.

M. De Lamark le reçut en même temps, il fut communiqué à M. Latreille.

les Termites ayant établi leur empire dans d'autres cités, dans d'autres villes et villages du département de la Charente-Inférieure, la Rochelle, Tonnay-Charente, Saint-Savinien et autres lieux baignés par les eaux de la Charente, ou coupés par des canaux qui les reçoivent. Ces insectes s'étant portés dans un grand nombre de campagnes situées à des distances plus ou moins rapprochées, quelquefois éloignées des rives de ce fleuve et de toute autre habitation, et s'étant étendus de l'Ouest à l'Est, de la Rochelle dans les habitations des deux rives de la Charente, et du Nord au Sud, d'Aigrefeuille à Feusse, arrondissement de Marennes; les Termites, par leur rapide progression et leur fécondité inouie, menaçant le département d'un envahissement prochain, je me suis déterminé à répandre mon Mémoire. Je regrette beaucoup que la mort de M. Audouin ait privé le public d'un concours si désirable.

Ce Mémoire contient la description des Termites qui désolent notre département :

A la demande de M. le Préfet de la Charente-Inféreure, je lui en adressai une copie en 1829.

M. Audouin, membre de l'Institut, en reçut également, il y a quatre ans, une copie, qu'il devait répandre.

M. le professeur Lefèvre, de Rochefort, qui correspondait avec ce membre de l'Institut, désirant aussi connaître ce Mémoire, je lui communiquai; il n'est donc point surprenant que plusieurs des faits contenus dans ce travail aient été le sujet de conversations, ou, même, aient été répandus par l'impression.

il fait connaître leur instinct, leurs mœurs, leurs travaux. On les suit au milieu des ravages qu'ils exercent sur les corps organisés, sur leurs produits et principalement sur les végétaux vivants ou privés de la vie; sur leurs fruits et les productions naturelles ou artificielles qu'on en obtient.

L'épithète *omnivora*, que Margraf a donnée à une espèce de ce genre, convient donc bien à celle de Rochefort.

Ce Mémoire présente l'indication des procédés destinés à éloigner les Termites, des maisons qu'ils menacent; à arrêter leurs ravages dans celles, qu'ils ont envahies.

Les moyens de remédier aux dégâts que ces insectes ont commis, de sorte que les réparations exigées soient désormais, le plus possible, à l'abri de leurs atteintes, y sont exposés.

Comme l'habitation permanente des maisons est une des conditions, sans laquelle on ne pourrait pas les préserver des ravages des Termites, dans les lieux qu'ils ont envahis, et que les propriétaires appelés, par leurs affaires, ou par leurs plaisirs, à faire de longues absences, courraient les risques de trouver, à leur retour, leurs maisons ravagées, leurs papiers, leur linge, leurs meubles détruits et que les maisons, qui ne sont pas louées, seraient exposées aux mêmes dégâts si elles restaient long-temps inhabitées; connaissant les difficultés de préserver les maisons construites, d'après les anciens usages, d'être ravagées par les Termites, lors même qu'elles sont habitées, et de les garantir des ravages de ces insectes lorsqu'elles cessent de l'être ; sentant la nécessité pressante de nous isoler de ces dangereux insectes, et surtout de diminuer, le plus possible, les lieux de sûreté où leur copulation et leur reproduction peuvent s'opérer, je présente, dans ce Mémoire, la description d'un mode de construction employé, depuis long-temps en Italie et dans quelques-uns des départements situés à l'est de la France, dont l'application peut être faite à toutes sortes d'édifices, de bâtiments, de maisons. Ce mode de construction se prête à toute espèce de distribution et, modifié pour les lieux que ravagent les Termites, par le rejet absolu du bois dans ces constructions nouvelles, il les mettrait entièrement à l'abri de l'envahissement de ces insectes.

Les maisons construites d'après ce mode présenteraient toutes les garanties de solidité, de salubrité, de propreté. On pourrait y établir des conduits de chaleur, sans crainte d'y appeler les Termites.

Les insectes parasites, qui soulèvent une si vive aversion et infestent la plupart de nos vieilles maisons, n'y trouveraient aucun refuge.

Ces constructions moins coûteuses n'exigeraient que de rares réparations, on n'aurait pas à payer de primes d'assurances contre les incendies, et les propriétaires, de même que les locataires, libres de toute inquiétude, pourraient alors laisser, sans crainte, leurs maisons inhabitées pendant la belle saison, durant leurs voyages.

Une notice historique sur les Termites, laquelle remonte jusques aux temps éloignés où les historiens mêlaient les récits fabuleux, enfants de l'imagination de voyageurs infidèles, aux vérités de l'histoire, embrassera aussi le temps présent. On y verra que les récits de voyageurs, bien plus instruits, ont été long-temps empreints d'exagérations, dont il était si difficile de se défendre, *lorsque la nature n'était pas inventée*, à la vue des travaux dont les Termites, long-temps connus sous le nom de Fourmis, étonnèrent leurs premiers admirateurs ; à l'aspect des ravages qu'ils exercent, dans la plupart des lieux où une température assez élevée favorise leur existence et leur fécondité.

Quoique les Fourmis et les Termites présentent des différences remarquables dans leurs formes, leurs mœurs, leurs travaux, ces insectes furent toutefois long-temps confondus dans la même dénomination.

Sméathman, en publiant, il y a plus de 50 ans, ses observations sur les travaux des Termites; leur génération confiée à un seul couple; la prodigieuse quantité d'œufs contenus dans deux vastes ovaires et les nombreux oviductes de la femelle; son immense fécondité; la métamorphose des larves aptères en nymphes, puis en insectes ailés, avait tracé une ligne de démarcation insurmontable entre les

Fourmis et les Termites, cependant des naturalistes modernes attribuent encore à des Fourmis, des dégâts évidemment opérés par des Termites, et, le nom *Termès*, dont le type remonte à Vitruve, serait supprimé dans de nouvelles classifications.

Par cette notice dans laquelle j'ai esquissé le tableau de l'instinct, des mœurs, des travaux des Termites, qui vivent sous les feux des tropiques, j'ai voulu disposer le lecteur à accueillir les preuves de l'admirable instinct avec lequel nos Termites atteignent le but de leur création, la destruction des corps organisés, dont les parties élémentaires, versées dans les vastes laboratoires de la nature, soumises à d'incessantes mutations, entrent enfin dans de nouvelles combinaisons, lesquelles sont offertes à notre admiration, sous les formes variées et innombrables des divers corps organisés.

Une planche lithographiée présente les figures des différentes habitations construites par les diverses espèces de Termites de la Zône Torride; la figure de la femelle fécondée d'une des petites espèces, qui vivent sous ce ciel brûlant, copiées sur les planches qui accompagnent la relation de Sméathman.

La représentation, faite d'après nature, de la larve, de la nymphe, du Termite après l'entière métamorphose avec ses ailes non-déployées et déployées, celles du soldat, offrent un tableau fidèle de nos Termites.

Notice Historique

SUR

LES TERMITES.

Kaì àgònisma toûx méga poiéuntai kteinontes, omoiôs murmekas te kàì ópheis, kaì tâlla erpetà, kaì peteinà.

Magi suis ipsorum manibus, excepto homine et cane, quid vis occidunt : immò hoc palmarii loco ducunt, si formicas serpentes que, et breviter reptilia atque volatilia plurima necaverint. (Hérod., Hist., Traduction de DU RHIER, in-fol., L. I., Clio., Chap. CXL., p. 59.)

Les Mages tuent, de leurs propres mains, toutes sortes d'animaux, à la réserve de l'homme et du chien. Ils se font même une gloire de tuer également, *les fourmis, les serpents et autres animaux tant reptiles que volatiles.* (Traduction de LARCHER, in-8°., T. I., p. 94.)

Les Mages se font une gloire de tuer les fourmis, les serpents, les reptiles, et surtout beaucoup de serpents volants. (Traduction de l'auteur de la Notice).

Cette dernière traduction paraîtra, sans doute, préférable à celles qui précèdent; on ne pourrait pas en effet concevoir comment l'homme et le chien étant seuls exceptés des êtres organisés et sensibles, que les Mages tuaient de leurs propres mains ; après avoir compris dans les expressions *toutes sortes*, la totalité des autres animaux, Hérodote établisse une nouvelle catégorie d'animaux nuisibles ou venimeux que les Mages se font gloire de détruire, et dans laquelle cet historien range les *volatiles*, dont les oiseaux font la plus notable partie, quoique le plus grand nombre soit aussi agréable qu'utile.

Les copistes auraient-ils altéré le sens de cette phrase d'Hérodote? les traductions seraient-elles inexactes?

Peut-on croire en effet que charmé par l'éclat du culte rendu aux divinités Egyptiennes, frappé de son constraste avec le culte des Mages; borné à l'entretien d'un feu toujours pur, à prier sur les hauts lieux, comme pour se rapprocher davantage de l'Etre Suprême, qu'ils adoraient sous les emblêmes du soleil et du feu, (1) Hérodote « dans ses conférences avec les prêtres » d'Egypte, dans la familiarité avec » laquelle il avait vécu avec eux, » (2) ait été conduit à partager des antipathies sacerdotales, pour un culte rival, moins prestigieux,

(1) Le culte l'altéra à la longue, tout en conservant une grande simplicité. Les victimes, sans ornements, étaient offertes pour la prospérité du Roi et de l'Empire. Les chants d'un Mage terminaient la cérémonie.

(2) Aimé-Martin, vie d'Hérodote, p. 2.

dont les sectateurs passaient pour infidèles.

La perfection des embaumements, les merveilles des tombeaux et, s'il faut le dire, la confiance des créanciers, qui préféraient à tout autre gage, les cendres des aïeux, prouvent jusqu'à quel point était porté chez les Egyptiens le culte des morts.

L'antipathie religieuse des Egyptiens pour les sectateurs du culte de Zoroastre, dont les morts étaient placés sous la voûte du ciel, dans une enceinte, où, desséchés par les feux des tropiques, ils déposaient dans les mains de la nature les éléments qui les avaient formés; cette antipathie dût s'accroître de cette sorte d'abandon des morts.

Hérodote aurait-il partagé ces haines populaires, lorsqu'opposant les Mages aux prêtres Egyptiens, il représente ceux-ci, les mains toujours pures du sang des animaux, et celles des Mages dégoûtantes de celui de toutes les espèces? Ou plutôt (je le répète) ainsi que j'aime à le croire, les copistes ou les traducteurs seraient-ils seuls blâmables?

Comme les prêtres Egyptiens, les Mages unissaient, à l'étude de la religion, celle des sciences les plus élevées. L'éducation des Princes leur était confiée; l'accès au trône n'était ouvert à ces Princes qu'après qu'ils avaient été soumis à l'examen des Mages. De grands Rois se sont glorifiés d'avoir acquis les connaissances que possédaient ces célèbres instituteurs.

Les prêtres Egyptiens attachaient la plus grande importance à la pureté extérieure du corps, symbole de la pureté de l'âme; tuer un animal quelconque eût été pour eux une souillure.

Sans négliger les soins de pureté extérieure, les Mages, tout en conservant celle du cœur, se faisaient gloire de détruire les animaux venimeux ou nuisibles, les insectes redoutables par les dégâts qu'ils commettaient. Il suffira de rappeler à la mémoire, la quantité énorme de serpents venimeux, de serpents ailés qui, des contrées voisines se répandaient sur l'Egypte, pour justifier notre traduction, et apprécier les services que rendaient les Mages aux populations, par la destruction de ces animaux ; les dangers auxquels ils devaient être exposés.

« Il y a en Arabie, près de la ville de
» *Buto*, un lieu *où je me rendis* pour m'in-
» former des serpents ailés ; j'y vis, à mon
» arrivée, une prodigieuse quantité d'os et
» d'épines du dos de ces serpents. Il y en avait
» des tas épars de tous les côtés; *de grands*,
» *de moyens*, *de petits*...... On dit que ces
» serpents ailés volent d'Arabie en Egypte, dès
» le commencement du printemps, mais que
» les ibis..... les empêchent de passer et les
» tuent...... De ce service vient la vénération
» des Egyptiens pour l'ibis. (*Hérod.*, *euterp.*,
» t. II., ch. LXXV.)

» Le serpent volant ressemble, pour la
» figure, aux serpents aquatiques; ses ailes
» ne sont point garnies de plumes, elles sont

» entièrement semblables à celles des chauve-
» souris, tels les ptérodactyles. (*id.*, *id.*,
» ch. LXXVI.)

» Au midi de l'Arabie, pour récolter l'en-
» cens, il faut brûler, sous les arbres qui le
» portent, une gomme appelée styrax....pour
» écarter une *multitude de petits serpents*
» *volants, qui gardent ces arbres*, et qui ne
» les quitteraient pas sans cette fumée. (*id.*,
» *thalie*, l. III, ch. CVII.)

» Les Arabes disent que tout le pays serait
» rempli de serpents s'il ne leur arrivait la
» même chose que nous savons arriver aux
» vipères. (*id.*, *id.*, ch. CVIII.) (1)

» Si donc les vipères et les serpents volants
» d'Arabie *ne mourraient que de leur mort*
» *naturelle*, il serait impossible aux hommes
« d'y vivre......au reste il y a des vipères par
» toute la terre, mais on ne voit *qu'en Arabie*
» *des serpents ailés*. (*id.*, ch. CIX.)

» Les autres serpents n'étaient pas moins
» nombreux dans ces régions que les serpents
» ailés.

» Pendant que Crésus était occupé (à Sar-
» des) de ses projets, tous les dehors de la
» ville se *remplirent de serpents*, et les che-
» vaux abandonnant les pâturages coururent
» rent les dévorer. » (*id. Clio.*, l. I,
chap. LXXVIII.)

Suétone Paulin, après avoir traversé des déserts de sable noir, au-delà de l'Atlas... inha-

(1) Hérodote rapporte, ici, sur l'accouplement des vipères, une opinion erronée, entièrement détruite.

bitables par la chaleur, quoiqu'on fut en hiver, vit les peuples voisins vivre dans des déserts peuplés de bêtes farouches et de serpents de toute espèce. (*Pline, hist. nat.,* t. IV, l. V, p. 13.)

Notre guide refusa d'aller chercher de l'eau dans la crainte d'être piqué des serpents. M. Lech, sentant quelque chose remuer sous lui, vit un serpent, sortant de dessous un manteau.... nous en trouvâmes un autre près de l'endroit où nous avions passé la nuit. (*Voyages en Egypte, etc., par Irby, Journal des voyages,* t. XXVI, p. 79.)

Il est évident que de nombreuses espèces de serpents ailés vivaient en Arabie; qu'ils se répandaient en Egypte. Les Mages qui tuaient les autres serpents, les reptiles, poursuivaient également ceux de ces animaux, d'autant plus dangereux, qu'à l'aide de leurs ailes ils pouvaient plus rapidement satisfaire à leur instinct destructeur?

Les Mages ne se glorifiaient donc point de tuer les volatiles, parmi lesquels on doit ranger toutes les espèces d'oiseaux, mais ils attachaient un grand prix à tuer les serpents ailés.

Ce dévouement ajoutait, sans doute, à la considération des Mages, car, quoique Plutarque ne reconnaisse pas les motifs de la conduite des Mages envers les autres espèces d'animaux qu'ils détruisaient, dans le dessein d'être utile aux populations, cet historien n'hésite pas de dire: « *les Sages des*

Perses qu'ils appèlent Magi, tuent les rats et les souris. » (*Plutarque de l'envie et de la haine*, t. XIV, p. 172.) (1)

L'institut des Mages leur imposait donc l'obligation de détruire non-seulement tous les animaux venimeux mais aussi ceux qui exerçaient des dégâts.

Dans cet âge où l'on est avide de connaissances, ayant le projet d'ajouter aux sciences historiques, géographiques, naturelles, Hérodote connaissait déjà les descriptions qui avaient été publiées de l'Asie, l'histoire de la Lydie, celles de Perse, etc.

Les découvertes faites par le roi d'Egypte Mœris, dans le golfe Arabique, dans la mer Erythrée, etc.; celles que, d'après les ordres du roi Egyptien Necos, des Phéniciens avaient faites dans leur circumnavigation de l'Afrique; les investigations de Scylax, pour découvrir à Darius les régions qui conduisent à l'Indus, celles que ce fleuve arrose. Les recherches que Xercès avait confiées au coupable Sataspe, qui eut trouvé, dans le succès, la grâce de son impudicité, présentaient tant de merveilles, qu'on niait les découvertes faites par ces intrépides navigateurs, parce que quelques-uns d'eux assuraient, ce que l'on ne concevait pas alors, qu'ils avaient vu le soleil se coucher à leur droite.

L'honneur insigne que reçut, à Carthage, le journal du Périple de l'amiral Carthaginois Hanon, d'être conservé dans le temple de

(1) Les rats multipliés à Gyaro, l'une des Cyclades, avaient forcés ses habitants d'abandonner cette île.

Saturne, ne put garantir cet amiral des murmures de l'incrédulité. On niait que ce voyageur eut parcouru une région dans laquelle les femmes étaient couvertes de poils comme les quadrupèdes vivipares les plus velus. On niait qu'une contrée parut quelquefois dans un état d'ignition, avec des rivières de feu.

Six cents ans après ce périple, Pline disait: il a existé des mémoires de Hanon, amiral Carthaginois, chargé par Carthage florissante, d'explorer les côtes d'Afrique. Ces mémoires contenaient plusieurs choses fabuleuses que répandirent les Grecs et les Romains qui avaient parcouru ces régions avec cet amiral. (*Pline, hist. nat.*, in-fol., lib. v, p. 53.)

Ne voilà-t-il pas qu'après des doutes, des murmures si long-temps prolongés ; dix-huit cents ans étant écoulés, depuis que le naturaliste Romain avait parlé, avec autant de sévérité du journal de l'amiral Hanon, le capitaine Jonatham, Washington, Muggs, né en Amérique d'une esclave de Tambouctou, qui l'instruisit dans sa langue naturelle, fait prisonnier, par suite d'un naufrage sur la côte d'Afrique, sauvé de la mort parce qu'il parlait la langue de Tambouctou, a vu deux mille quatre cents ans après le périple de Hanon, vers les sources du Sénégal, les femmes velues comme celles que cet amiral avait trouvées dans les mêmes régions. Ce capitaine rapporte à des lacs de plomb fondu et aux rivières qu'ils fournissent, dont la surface agitée jette un éclat éblouissant, ce que Hanon a dit de ces contrées en ignition, de ces rivières de feu. La chaleur de ce climat était tellement forte qu'elle avait volatilisé le mercure du thermomètre.

Je ne puis passer sous silence un autre récit bien plus merveilleux de ce même voyageur.

« Ce lac est horriblement infesté, de Salamandres. On verse sur le rivage quelques » charbons enflammés, comme un appât, » l'animal les dévore. Il est attiré hors de son » élément liquide, par d'autres charbons et » conduit dans un filet; on le place alors dans » un four allumé où il se trouve bien, et » meurt d'ordinaire dans la nuit. » (*Voyage à Tambouctou.*)

A ces renseignements, je crois convenable d'ajouter que « le capitaine Muggs, citoyen » de la Georgie, est le même dont le vaisseau » fut entouré et presque brisé, il y a quelques » années, par le terrible serpent de mer qui » ne lâcha prise qu'après avoir reçu, dans » l'œil gauche, un boulet de canon habilement ajusté. »

L'ésprit éclairé par les écrits de ses prédécesseurs, l'imagination exaltée par les récits merveilleux des voyageurs, Hérodote, avide de connaître la vérité, commence ses voyages. Il voit, sur les confins de l'Arabie, à Buto, les nombreux tas d'ossements de serpents ailés parmi lesquels on distingue les squelettes grands, moyens et petits de ces serpents volants; il ne raconte que ce qui a frappé ses regards, mais lorsque, poursuivant ses investigations, notre historien arrive aux régions sablonneuses où vivent les fourmis que le zéle des Mages poursuit, de même que les animaux les plus venimeux.

Hérodote y vit, sans doute, ce petit nombre d'espèces de fourmis qui vivent en Afrique (1) dont aucune, n'ayant la voracité qui distingue plusieurs de celles si nombreuses qui désolent les continents et les îles de l'Amérique méridionale, fixa peu l'attention ; mais il ne fut pas assez heureux pour y découvrir le dangereux insecte qui portait aussi le nom fourmi, objet de la poursuite de l'institut voué à la destruction des animaux les plus nuisibles aux populations.

L'historien d'Halycarnace, que ses observations ne peuvent plus diriger, est donc forcé d'écrire d'aprés des bruits populaires ou les récits des indigènes, l'histoire de ces fourmis.

« Au nord de la ville de Carpatyre.... des » Bactriens, les plus braves des Indiens, cher- » chent l'or dans les endroits voisins de leur » pays que le sable rend inhabitables.

» On trouve dans ces déserts, et parmi ces » sables des fourmis plus petites qu'un chien » mais plus grandes qu'un renard ; on en

(1) A l'Afrique occidentale, au Sénégal appartient la *formica sericea.*

La *formica maculata* vit dans l'Afrique équinoxiale.

Au Cap de bonne espérance se trouve la *formica fulvopilosa.*

La *ponera tarsata* appartient au Sénégal et à Gorée.

Quelques autres espèces de fourmis vivent dans l'Inde. (*Comte Pelletier de St-Fargeau, nouv. suit. à Buff.*, t. 1, p. 194 et suiv.)

» voit dans la ménagerie du roi de Perse qui » ont été prises à la chasse dans ce pays.

» Ces fourmis ont la forme de celles qu'on » voit en Grèce ; elles se pratiquent, sous » terre, un logement.... et le sable qu'elles » élèvent est rempli d'or.

» Les Indiens, envoyés pour ramasser ce » sable, arrivent dans ces déserts montés sur » des chameaux.... arrivés, ils remplissent de » ce sable les sacs qu'ils ont apportés et s'en » retournent en diligence ; *car, au rapport* » *des Perses*, les fourmis, averties par l'odo- » rat, les poursuivent incontinent. Il n'est » point, *disent-ils*, d'animal si vite à la course, » et si les Indiens ne prenaient pas les devants, » il ne s'en sauverait pas un seul. » (*Hist. d'Hérod.*, *Thalie*, l. III, p. 301 et suiv.)

Le merveilleux, mêlé à ces relations, disposait à les écouter; en présentant ces fourmis comme de laborieux mineurs qui offraient à la cupidité le plus précieux des métaux, la soif de l'or fut excitée, et le courage des plus hardis spoliateurs s'enflamma au récit des dangers qui menaçaient ceux qui pillaient l'or sur les fourmis. (*Hérod.*, *Hist.*, l. III, fol. 1, ch. CII.)

Ces récits furent accueillis dans l'Attique. Comme les sables de la Lybie, le mont Hymète renferma des mines d'or, également gardées par des fourmis d'une grandeur extraordinaire qui en défendaient l'approche. Les Athéniens crédules, entraînés par ces contes et par la soif de l'or, se portent en armes vers cette mine et, après de longs et pénibles efforts, arrivés à la cime, ils virent, mais trop tard, qu'ils avaient été dupes de leur crédulité.

Cette ridicule expédition, qui fournit le sujet de la guerre des Athéniens avec les fourmis, égaya leurs poëtes.

Ctésias décrit des animaux fantastiques qui eurent poursuivi ceux qui se seraient exposés à recueillir de l'or.

Alexandre avait ordonné à Néarque, l'un des capitaines de ses armées, d'explorer les Indes orientales; cet officier, qui remplit avec succès son importante mission, ne vit point les fourmis dont Hérodote avait raconté l'histoire; mais, de retour au camp des Macédoniens, on lui montra beaucoup de peaux de panthères pour des peaux de fourmis de la Lybie. Hérodote avait été trompé par des récits mensongers; on employa auprès de Néarque une mystification de bivouac.

Celui des généraux d'Alexandre qui avait fondé, en Syrie, le royaume des Seleucides, donna l'ordre à Mégastène de se rendre auprès du roi Prasias. Cet envoyé, loin d'avoir parlé le premier de fourmis blanches, comme l'indique Lyon dans son voyage au Cap et à la côte septentrionale d'Afrique, dit qu'il y a, au milieu d'une nation qui habite les montagnes, une colline qui renferme des mines, dont les fourmis, grosses comme des renards, extraient l'or pendant l'hiver : exhumé par elles, ce métal est soustrait, en cachette, à leur garde, par les voisins de ces mines, montés à cheval pour éviter d'être poursuivis par ces fourmis qui tueraient hommes et chevaux.

Toutefois, Mégastène ne dit que ce qu'il a entendu raconter et pense que ces fourmis ne fouillent pas la terre à cause de l'or, mais pour se creuser une retraite.

Pline qui répète, à peu près, les récits d'Hérodote, ajoute que des cornes de ces fourmis avaient été miraculeusement placées dans le temple d'Hercule; que la vitesse de la course de ces fourmis l'emporte de beaucoup sur celle des chameaux des Indiens spoliateurs, et que leur vélocité et leur férocité sont égales à leur avarice. (*Plin. Hist. nat.*, l. II, ch. CXXXI).

Il est facile de reconnaître dans les détails des périls que devaient braver ceux que l'appât de l'or eut dirigé vers l'endroit où ces fourmis s'assemblent (*Hérod., hist.*, l. III, t. I, ch. CII, *Larcher*), l'histoire exagérée de l'attaque des voyageurs exposés à la furie des troupes nombreuses de soldats du Termés belliqueux. « Lorsque l'agression de l'habitation commence, ils s'attachent à quelques parties du corps des assaillants, y accrochent profondément leurs machoires, sans jamais lâcher prise, disputent opiniâtrement chaque pouce de terrain, mettent en fuite les nègres dont les pieds sont nus, ensanglantent les jambes des blancs qui sont chaussés et résistent jusqu'à l'extré-

» mité. » (*Sméath., relat.*, t. 1, *Sparr.*, p. 452). (1)

Ce n'est donc point aux fourmis *formica* qu'il faut rapporter tout ce qui a été dit de merveilleux sur les insectes mineurs de la Lybie, mais bien aux termites que quelques analogies de configuration et d'instinct, ont fait appeler fourmis blanches, insectes, le plus grand fléau des pays qu'ils désolent (2) et qui, sous ce rapport, fut nommé, parmi les animaux nuisibles que les Mages avaient mission de détruire, avant les reptiles les plus venimeux, avant les dangereux serpents ailés (3).

On lit dans Hérodote: «C'est ainsi, disent les » perses, que les indiens recueillent la plus » grande partie de leur or. » Toutefois, les critiques accusèrent l'historien d'Halicarnace

(1) Depuis que mes observations sur les soldats des termites de Rochefort ont été imprimées, comme j'irritais vivement un de ces soldats, pour le présenter au dessinateur sous l'aspect le plus favorable, ce soldat saisit avec ses pinces l'épiderme du bout du doigt qui l'agaçait; il y resta fixé jusqu'à ce que je l'eusse détaché : je ne ressentis pas le moins du monde les pinces de ce petit furieux; je n'avais jamais éprouvé d'effet pareil, et, je n'ai pas oui-dire que d'autres l'eussent observé.

(2) Linné, Sméathman.

(3) J'avais, depuis long-temps, consigné cette opinion dans le manuscrit de cette notice, lorsque, dans un voyage moderne, qui attribue à Mégastène d'avoir, le premier, parlé des fourmis qui extraient l'or de la terre, j'ai vu que l'auteur de ce voyage, M. Edward Frédéric, si ma mémoire ne me trompe pas, pense que le récit de cet ambassadeur de Séleucus se rapporte au termès ou fourmi blanche.

d'avoir abusé, comme Ctésias, de la crédulité de ses lecteurs.

Lucien semble se rire de ces auteurs, dans sa seconde lettre à Saturne, lorsqu'il dit : « Si » je n'obtiens pas l'objet de mes prières, je » demanderai que des fourmis semblables à » celles de l'Inde, soustraient, pendant la » nuit, l'or de la Lybie, enfoui dans les trésors » de ces avares, et l'exposent à leurs regards. »

Le narquois philosophe de Semosate poursuit encore ces auteurs de sa satyre, lorsque, dans le dialogue, intitulé *somnium seu gallus*, cet interlocuteur s'exprime ainsi : « Tu as été au » nombre des fourmis qui, dans l'inde, fouillent » la terre pour en extraire l'or. — M.... C'est » vrai ; mais j'ai eu le malheur de n'en pas » apporter le plus petit morceau pour vivre. »

Ailleurs, il fait combattre d'énormes fourmis, avec leurs cornes. (*Vera Historia*).

L'incrédulité et la critique avaient en partie dissipé la croyance à l'instinct mineur et conservateur des termites, toutefois le merveilleux entraînait encore les esprits même éclairés. On répandit que les termites étaient venimeux.

Au rapport de Pline, Cicéron donna le nom *solifuge* « à une espèce de fourmi *venimeuse* » peu connue en Italie » (*Hist. nat.*, l. XXIX, p. 45), *Solifuga dicta quod solem fugiat*, nommée solifuge parce qu'elle fuit la lumière. (*Ulys.*, *Aldrov.*, l. v, de ins., p. 516).

Sans avoir égard à cette explication du célèbre naturaliste de Bologne, M. de Grandsagne a lu *solpugas* et traduit ainsi : *solpuges* de *Cicéron*. (*Bibl. lat. et fr.*, t. XVII, p. 299).

Toutefois, le nom *lucifuge*, qui exprime, à peu prés, la même chose que *solifuge*, nom que Rossy a donné, de nos jours, à une espèce de termites qui vit en Italie, confirme l'explication d'Aldrovandi. (*Ross. Faun. Etrus.*, t. II).

Il n'est pas étonnant qu'on ait considéré comme vénéneux un insecte innocent, qui était rangé parmi les fourmis, dont quelques espèces portent en effet une humeur qui participe de la nature des venins. La suite prouvera que les morsures des termites ne sont pas venimeuses et qu'elles ne portent aucun venin.

Quelque temps après, Vitruve dirigea son attention sur des vers blancs qu'il désigna par le mot Termés ou Tarmes et qui, en Italie, rongeaient le chêne et l'olivier, de même que le Lucifuge de Rossi ronge les mêmes arbres et d'autres encore en France, en Espagne, etc.

Pline range parmi les vers les solifuges.

L'acception du mot vers était loin d'être resserrée dans les limites que Cuvier lui a fixées long-temps après Vitruve. En parlant des termites de l'Amérique méridionale, Oviédo les représente, en effet, comme des demi vers, *albâ veluti caudâ prorepentes*, rampants, pour ainsi dire, sur leur abdomen de couleur blanche.

Moor's raconte qu'étant allé à bord d'un de ses amis, au milieu d'un ouragan, il fut assailli par des nuées de mouches aux longues ailes, qu'elles brûlaient à bord à la flamme des chandelles, que les autres perdaient en voltigeant et n'étaient plus après que *des vers* blancs. Le grand nombre de ces insectes, la longueur et la fragilité de leurs ailes, démontrent que les mouches de Moor's étaient des termites.

Je reprends l'histoire de ces insectes dont cette digression sur le mot ver m'a écarté.

J'arrive à Pausanias qui, le premier, a parlé des fourmis blanches ; il les avait vues sur l'îlot Pephnos, aux confins du Péloponése, cet historien regarde cette découverte comme la plus surprenante de celles que lui offrit cet îlot, si fécond en merveilles. (*Pausan, Græ. descr. Lacon.*, p 213).

Strabon, qui avait parlé des récits fabuleux de ces conteurs, s'en moque eusuite, et l'auteur du Périple du Pont-Euxin, qui visita aussi les côtes occidentales de l'Afrique et de l'Asie, Arrien rejeta ces récits fabuleux répandus sur les fourmis de ces régions ; cependant on ne craignit pas de dire, encore, qu'on nourrissait publiquement, à Suze, une de ces fourmis, qui mangeait une livre de viande par jour.

Quoique saint Ambroise eut assuré que les contes faits au sujet des fourmis mineuses qui gardent l'or qu'elles ont recueilli, avaient été inventés afin d'insinuer que le travail et le courage assurent les succès ; ces fables ridicules furent répandues de nouveau, avec des variations, jusqu'à ce que Cadamusty eut publié, dans la relation de ses voyages au Sénégal, etc, qu'il avait vu de petites fourmis blanches construire des nids en voûte et qu'il avait aussi trouvé, en Nigritie, de plus grandes fourmis blanches.

Cette découverte, loin de diriger les esprits vers l'observation, les trouva tellement avides de merveilleux, qu'ils accueillirent facilement les récits exagérés des voyageurs.

Ainsi, sur la foi d'Oviédo, on admit les très-grosses fourmis du Brésil nommées *éza*.

On crut, avec Scaliger, qu'il y avait, dans ces régions brûlantes, des fourmis grosses comme des crabes, que Bosman compara à des écrevisses.

On ne mit pas en doute que Pison avait vu de ces fourmis qui étaient grosses comme le doigt, et avec Dapper, qui écrivait d'après les récits des voyageurs, qu'il y avait des espèces qui avaient le volume du pouce lorsqu'elles s'envolaient.

Les desseins de Salmon parurent fidèles, etc.

Comme l'on confondait sous la même dénomination les fourmis blanches avec celles dont les femelles éjaculent par des glandes anales ou introduisent dans les chairs, à l'aide d'un aiguillon, une liqueur acide qui produit du gonflement, de la chaleur et de la douleur; on accusa les fourmis blanches d'être plus venimeuses encore.

On crut, avec Oviédo, que les indes occidentales, « qui renferment plus de fourmis dangereuses qu'on ne pourrait le croire, » en nourrissaient une pas plus grosse qu'une abeille, qui devenait noire et tellement venimeuse, que les indiens se servaient de l'humeur de sa tête pour empoisonner leurs flèches.

Cependant, ceux de ces insectes qu'Oviedo nomme demi-vers blancs, et qui sont évidemment des termites, étaient tellement venimeux, que leur morsure allumait une fièvre bientôt suivie de la mort, et qu'il suffisait de s'exposer aux émanations de ces insectes pour en absorber le venin.

Le silence de Cadamusti, les observations des voyageurs qui parcoururent les mêmes régions, avaient dissipé les opinions erronées répandues sur le venin des fourmis blanches. Quoique Adanson eut dit qu'il avait été blessé par les morsures de ces insectes, on doit plutôt attribuer la piqûre dont il les accuse, à l'aiguillon de la fourmi tarsière, (formica tarsata, fab. *ponera tars*. Lepelletier de St-Fargeau), laquelle vit au Sénégal et dans l'Afrique occidentale, où Adanson faisait ses observations.

On reconnaît aujourd'hui que, parmi les fourmis blanches qui habitent la Zône Torride, l'ordre distingué par le nom soldat, peut seul faire, avec ses mandibules des blessures sanglantes, légères qui ne donnent aucun indice de venin.

Quelques rapports de configuration, d'instinct, de métamorphose d'autres nombreux insectes qui attaquent aussi les corps organisés avaient fait choisir le nom fourmi blanche qui indique aussi la couleur générale des larves des termites ; et, comme la larve aptère de ces insectes, a quelque analogie de formes, de couleur avec un autre insecte parasite aptère très-connu, les voyageurs français donnèrent aussi aux larves des fourmis blanches le nom pou-de-bois, parce que ces insectes préfèrent les végétaux.

Quoique les termites aient été nommés fourmis blanches, ce nom ne convient toutefois qu'aux larves de ces insectes. Les différents voyageurs qui disent avoir vu des termites jaunes, rouges, noirs, ne peuvent parler que de l'insecte parfait, la couleur noire est dominante sur les vag-vagues, les termites lucifuges et flavicoles, comme sur celui de Rochefort.

Quelques espèces africaines sont cependant blanches, de même que celles qui ont été observées dans l'Amérique septentrionale, j'ai dit ailleurs, que j'avais considéré, comme albinos, les Termites blancs que j'ai trouvés mêlés à ceux de Rochefort.

Linné qui distingua ces insectes des fourmis leur donna, d'après Vitruve, le nom *Termes*, dès-lors la séparation de ces insectes avec les fourmis fut faite.

Ces insectes furent ensuite divisés en ceux qui se construisent à la surface de la terre, dans les arbres, des édifices de différentes formes, de différentes étendues, et en ceux qui se creusent des logements dans le sein de la terre.

Cadamusti avait donné une courte description des nids voûtés construits au Sénégal, etc., par de petites fourmis blanches.

Parmi les nombreux voyageurs Français et étrangers qui parcoururent les régions intertropicales et qui ajoutèrent de nouvelles découvertes à ces observations. On distingue Adanson qui vit ces nids sur la côte occidentale de l'Afrique, et leur donna le nom de monticules. Mais il faut arriver jusqu'à l'époque de la publication du voyage durant lequel Sparrman explora, pendant trois années, les régions voisines du Cap de Bonne-Espérance, et surtout au temps où fut repandue la relation sur les Termites adressée en 1781 à la Société royale de Londres, par Sméathman, pour connaître les merveilles de ces constructions, auxquelles ces auteurs conservèrent le nom de monticules.

Au Sénégal, sur une base circulaire d'un petit diamètre s'élève à la hauteur d'un mètre, ou à-peu-près, un cône, rudiment du monticule du Termite belliqueux (*Pl.*, n° 1). Bientôt après ce cône très-développé par sa base, est élevé jusqu'à cinq à six mètres, et porte, sur ses larges flancs, à mesure qu'ils s'arrondissent, à différents degrés d'élévation, plusieurs autres cônes plus petits. (*Pl.*, n° 2).

La voûte ainsi formée couvre de son abri impénétrable aux météores aqueux, les vastes souterrains creusés dans la terre, à un mètre de profondeur, où circule l'immense population de la famille. On admire dans le monticule l'appartement consacré à la reproduction de l'espèce, par un seul mâle et une seule femelle, dont l'abdomen, après la fécondation, a de trois à huit centimètres de longueur, vaste matrice qui fournit 80,000 œufs en 24 heures ; les nourriceries tapissées d'une couche de débris ligneux, moins conducteurs de calorique, où les œufs sont confiés aux soins empressés des larves, qui, en temps opportun, les transportent dans d'autres cellules, dont les parois recouvertes de très-petits fongus que l'industrie des larves y fait naître, fournissent une nourriture appropriée aux organes des jeunes larves.

Dans ses excursions aux environs du Cap, Sparrman avait toujours trouvé les monticules vides.

J'imiterai Sméathman, je ne parlerai qu'en passant d'autres monticules bâtis dans les savanes, sur une base large couronnée à deux mètres ou à-peu-près de hauteur, par une voûte arrondie en cloche, avec un terreau que recouvre un lit de sable, par des Termites dont la couleur est un peu moins foncée que celle du belliqueux.

Je serai également laconique, en parlant d'une autre sorte de monticule, qu'une variété de Termites élève en Guinée, sur une base moins étendue, jusques à 3 mètres, à sommets très-aigus, lesquels brisés, par un léger choc, présentent une nombreuse réunion de petites cellules, d'où les Termites sortent en foule.

Moins élevées, mais d'une solidité qui résiste aux chocs les plus forts, les tourelles cylindriques construites par les *Termes atrox* et *mordax*, sont recouvertes d'un vaste chapiteau qui donne, à celles plus élevées, bâties par la première espèce, la forme d'un moulin à vent, et à celles plus basses, ouvrage du *Termes mordax*, l'aspect d'un champignon dont le chapeau serait développé. Ces très-petites espèces de Termites sont aussi logées dans les cellules nombreuses que renferment ces cylindres. (*Pl.*, fig. 3).

Si l'habitation que les Termites des arbres se construisent ne présente pas le poli de celles des Termites maçons, on ne doit pas moins admirer les nids sphériques gros quelquefois comme un tonneau, formés de la réunion de parcelles de bois liées entre elles par une humeur fournie par ces insectes ou par des sucs gommeux, fixés d'une manière inébranlable à 25 ou 30 mètres de hauteur sur les branches des arbres, et qui, plus petits, se voient sur les toits, dans les maisons et même dans les meubles. Une immense population remplit les cellules irrégulières qu'ils renferment. Tels encore les nids de même forme, construits avec des brins d'herbe contenant aussi des cellules, observées par Brown, dans le Darfour. (*Pl.*, fig. 4).

Quelque soit la situation élevée de ces nids, sur les arbres ou sur tout autre appui, des galeries cylindriques, de la grosseur d'une plume, qui partent de ces nids, fournissent aux Termites qui les habitent, un abri sous lequel ces insectes peuvent se porter à des distances quelquefois très-grandes pour y satisfaire leurs appétits. Telles les larves, d'autres Termites également privées d'yeux, lesquelles ne sortent du sein de la terre, qu'elles habitent, qu'à l'abri de galeries semblables, qu'elles dirigent avec une intelligence parfaite, même dans les corps organisés, où elles veulent s'établir. Ainsi en Afrique le vag-vague ; sur les côtes de Barbarie, en Italie, en Espagne, le Termès flavicole; en France, et surtout dans le département de la Charente-Inférieure, celui que Latreille nomme lucifuge, sujet de mon mémoire.

Mais toutes les espèces de Termites n'élèvent pas de constructions au-dessus du sol, ne bâtissent pas de galeries. Toutes celles qui ont reçu de la nature le bienfait de la vue, se creusent au sein de la terre des habitations d'où elles s'élèvent à sa surface, et se portent processionnellement vers les lieux où leurs appétits les appellent.

Ainsi après l'émigration des Termites ailés à abdomen blanc et mou, qui se faisaient jour avec impatience, se montrèrent à Sparrman, non-loin de Zoe-Koe-Rivier, sortant par les mêmes trous, des milliers d'insectes ou fourmis plus petits, aptères marchant à la lumière où leur instinct les dirigeait, et que Degeer adopta sous le nom de *Termes capensis*.

Telle était cette armée de Termites aptères, sortant aussi de trous creusés dans la terre, au milieu d'une forêt, près de la rivière Cameran-koes, qu'un sifflement aigu annonca à Sméathman, marchant d'abord en un seul corps, puis divisée en deux, au centre desquels, d'espace en espace, se voyait un soldat. Ces colonnes étaient d'ailleurs flanquées, à distance de sentinelles mobiles, tandis que d'autres soldats élevés sur des plantes, à la hauteur de trois décimètres, dominaient l'armée dont ils dirigeaient la marche, et qui, docile au signal auquel elle répondait par un sifflement, accélérait son pas. Cette espèce de Termites reçut de Sméathman le nom *Termes viarum*.

Je ne pense pas, comme cet observateur, qu'on doive ranger cette espèce parmi les Termites maçons. La cécité impose à ceux-ci le besoin de se préparer des voies dont ils ne peuvent s'éearter. Leur organisation les oblige à éviter l'ardeur et les rayons du soleil, leur faiblesse à se soustraire à la voracité de leurs ennemis.

Comme l'organisation différente des animaux établit de grandes variétés dans leurs facultés, et que le nombre de leurs sens ajoute à leur perfection, les impressions que l'œil reçoit étant plus fortes, plus durables que celles qui sont perçues par les autres sens, les Termites doués du bienfait de la vue ont des facultés que la nature a refusées aux espèces aveugles; elle a, sans doute, diminué chez celles qui marchent à découvert cette sensibilité exquise qui force les espèces aveugles à se construire des abris contre la lumière, la chaleur.

Les espèces qui voient marchent plus hardiment vers le but que la vue leur découvre et que leurs autres sens leur décellent ; sans abris, la nécessité leur donne le courage de se défendre contre les attaques de leurs ennemis, et, pour les soutenir, la nature a augmenté de beaucoup, dans ces espèces, le nombre des soldats destinés à les protéger. Ainsi, à l'instant où des milliers de Termites abandonnaient, en volant, près de Zoe-Koe-Rivier, leur habitation souterraine, une armée de soldats en sortait également. Ainsi, l'armée des *Termes viarum*, observée par Sméathman, était dirigée et protégée par un nombre considérable de soldats.

On sera moins étonné du long empire qu'ont exercé sur la crédulité, les récits fabuleux des premiers voyageurs, des premiers historiens qui ont parlé des Termites, sous le nom fourmi en voyant dans ces temps modernes des naturalistes célèbres, qui ont versé le plus de lumière sur ce sujet, encore, sous l'empire de ces impressions. Ainsi, toutes les fois que Sparrman eut occasion d'ouvrir à Lange-Kloof quelques fourmillières, quoiqu'il eut, pour me servir de ses expressions, toujours trouvé les oiseaux dénichés, il ne le faisait pas *sans quelque inquiétude*. Sméathman n'a pas pu se défendre d'un peu d'exagération, en parlant de la défense des monticules du termès Belliqueux, et Smith's croyait, sans doute, encore à la férocité des fourmis, nom que ce voyageur conserve aux Termites, lorsqu'il « prit ses » jambes à son cou, s'enfuit avec diligence, » pour éviter ces insectes, » tombés du sommet aigu et fragile d'un monticule, qu'il avait abattu, en Guinée, avec sa canne?

La différence entre les larves des Termites aptères, privées d'yeux, mais actives, industrieuses, entreprenantes, et l'insecte parfait, aux longues ailes, au front couronné de plusieurs yeux, mais inerte, pusillanime, (1) dont la métamorphose inaperçue, jusqu'à ce que Sméathman eut trouvé les Termites ailés dans les monticules, avait opposé beaucoup d'obstacles à la classification de ces insectes. Cette découverte fit classer ces Termites parmi les névroptères, d'où M. Brullé (2) propose aujourd'hui de les sortir pour les placer avec les isoptères. Si cependant, comme je l'ai observé sur les Termites de Rochefort, les paires d'ailes s'attachent à des pièces différentes du corcelet, quelque petite que soit la différence de longueur des ailes, celle qui existe les éloignerait de cette classe.

Quoique les fourmis soient bien distinguées, depuis long-temps, des Termites, et que Sméathman eut dit que la forme de ces insectes ne correspond, en aucune manière, avec celle des Termites. Cependant, M. le » prince Wied-Neuwied, (*voy. au Brés.*,

(1) C'est donc par erreur que Kolbeins parle, dans son ouvrage sur le Cap de Bonne-Espérance, de ces insectes volants, aux ailes rouges, sortant de grandes fourmilières, *infiniment actifs et industrieux*.

(2) Expéd. scientif. en Morée.

» t. 1, p. 77, 78), parlant des fourmis et » d'autres insectes semblables, qui diffèrent » de grandeur, a rangé parmi les fourmis » quelques espèces qui construisent en terre, » sur les parois des chambres, de longues » galeries couvertes, avec des embranche- » ments qui leur servent à monter et à des- » cendre, » galeries qui paraissent, à M. Lepelletier de St-Fargeau, plutôt l'œuvre des termès que des fourmis. (*Nouv. suit. à Buff.*, *Hymen*, t. 1, p. 130, not.).

J'ai déjà parlé p. 39 et 40 de la sensibilité différente des fourmis et des larves de Termites pour leur famille La variété de leurs mœurs distingue aussi ces genres.

Chaque famille de Termite vit isolée, aucune espèce n'attaque une autre espèce de ce genre établie dans son voisinage. Il n'en est pas ainsi des fourmis. Le *Polyergus* roussâtre (*Pel. de St-Farg.*), la fourmi sanguine, se portent en troupe dans les nids des fourmis mineuses et noir cendrées. Elles en emportent les œufs, les larves, les nymphes, et forcent ces ilotes, qu'elles privent des douceurs de la maternité, à bâtir, à soigner les petits, à nourrir la famille, pendant que les tyrans vivent dans l'oisiveté. On ne peut donc plus dire avec saint Ambroise : « La fourmi qui est » très-petite a le courage d'entreprendre » seule des choses difficiles. Libre, elle n'est » point forcée au travail. *Neque servitio ad* » *operandum cogitur.* (*Aldrov.*, l. v., *de anim. insect.*, p. 525).

Aux difficultés de classification et de la détermination des genres, sont ajoutées celles du dénombrement des espèces et de leur dénomination si variables; ainsi, le nouveau supplément aux œuvres de Buffon porte à dix-sept le nombre des espèces, bien moins élevé dans d'autres ouvrages très-modernes, et trois de ces espèces, seulement, vivraient en Afrique, où Adanson, Sparrman, Sméathman et autres voyageurs en ont reconnu un bien plus grand nombre.

Le volume différent des espèces de Termites, les différences dans le nombre des organes de quelques-unes des espèces, les formes variées des nids ou monticules, l'absence de ces constructions, l'établissement de galeries protectrices, l'inutilité de ces abris pour les Termites que leur vüe dirige, et que des soldats plus gros, plus nombreux protégent, prouvent la vérité des procédés que la nature emploie sur les espèces différentes d'un même genre; ces modifications s'étendent même aux moyens qu'elle emploie dans leur reproduction.

Les premiers voyageurs qui virent ces insectes ne pénétrèrent pas les merveilles de leur génération. Aldrovandi, trompé par des récits infidèles, écrivit qu'il « sortait du corps » des fourmis du nouveau monde, un nombre » infini de petits vers qui vivent, d'une ma» nière surprenante, dans les souterrains » creusés par ces fourmis, jusqu'à ce que, » pourvus d'ailes, ils émigrent... la repro-

» duction s'opère également par copulation ;
» d'après cela, chose merveilleuse! l'espèce
» est conservée chez ces insectes, par les
» voies ordinaires de la génération et par les
» effets de la corruption» (*Aldr.*, l. v, *de anim. insect.*, p. 518). Il est facile, en dépouillant ce récit du merveilleux qui l'altère, d'y reconnaître le mode de reproduction de ces insectes.

Les voyageurs ont soulevé une partie du voile qui recouvre ce mystère. Ainsi, un seul mâle et une seule femelle, réunis dans l'habitation qui leur est préparée, confiés aux soins des larves, suffisent, sous les feux des tropiques, à la production de myriades innombrables de ces insectes.

Les Termites qui, sous le même ciel, ne peuvent circuler qu'à l'abri des galeries, pratiquent, au sein de la terre, un lieu de sûreté où la multiplication s'opère de la même manière. Il en est ainsi, sans doute, de ceux que leur vue dirige à l'air libre, lorsqu'ils sortent de leurs souterrains.

La propagation s'opère-t-elle de même sous un ciel plus tempéré? Chaque famille s'y multiplie-t-elle par un seul mâle et une seule femelle, au sein de la terre ou dans les habitations que chacune s'est préparée en creusant, les arbres vivants ou abattus?

Ces questions sont, en apparence, difficiles à résoudre. Toutefois, puisque la nature emploie, d'ordinaire, les mêmes procédés dans l'accomplissement des fonctions essentielles des espèces des mêmes genres, on doit croire que, dans notre climat la reproduction est également confiée à un seul couple pour chaque famille. Si donc la disposition des lieux assure la sécurité et une alimentation nécessaire, nul doute que plusieurs familles ne puissent s'y établir et y accomplir également, sur plusieurs points différents, le vœu de la nature.

On ramasse tous les jours, à Rochefort, les balayures des rues et les débris des cuisines infestées de larves; des tombereaux les portent, loin des maisons, dans les campagnes pour amender les terres ; ces insectes y périssent bientôt après.

A Saint-Savinien, les fumiers entassés sont bientôt remplis de myriades de ces insectes, qui périssent également sur les terres; où ces fumiers sont épandus.

Nos maisons où les Termites, à l'abri de nos toits, trouvent tant de lieux de sûreté et le confortable nécessaire, peuvent donc recevoir plusieurs familles dont les générations abandonnées à leur instinct iront se multiplier dans d'autres lieux où elles auraient péri si on les y avait épandues.

Les modifications différentes de l'organisation, le climat, ont une influence puissante sur le développement des différentes espèces de Termites : elle s'observe, sous les tropiques, sur l'abdomen des mères fécondées de quelques espèces, dont le diamètre est proportionné à leur longueur, de sept à huit centimètres, tandis que, sous le même ciel, l'abdomen des femelles fécondées d'autres espèces, n'a que le volume d'une plume à écrire, et que, dans notre département, d'après les observations de M. Boffinet, ces mères seraient longues seulement de huit à dix millimètres(1), le volume de l'abdomen étant à-peu-près triple de celui de l'insecte ailé. (*Rech.*, p 557).

Admirons combien la nature a multiplié les Termites, dans les régions sablonneuses et stériles, brûlées par les feux des tropiques.

Adanson trouva, au Sénégal, « un si grand

(1) Comme je montrais à M. B. au commencement d'août 1843, quelques milliers de larves de Termites exposées à l'air libre, dans un vase qu'elles ne pouvaient pas franchir, cet observateur éprouva le regret de ne pouvoir pas y découvrir de mères qu'il m'eut fait connaître; or, comme l s nymphes ont à-peu-près la même dimension des mères observées par M. B, on pourrait croire que les nymphes ont été prises pour des mères non fécondées. Les nymphes, assez nombreuses après l'essaimage, circulent avec les larves, leur nombre diminue graduellement; très-rares au mois de juillet, on n'en trouve plus au mois d'août.

M. B. a dit « j'ai vu des Termites ailés dans les galeries, en toute saison, (*Rech.*, p. 551); comme cette assertion était contraire à mes observations multipliées, j'ai fait, en 1843, beaucoup de recherches, auxquelles M. B. a eu l'obligeance de participer. Nulle part on n'a vu de termès ailés depuis le 25 mars, époque de l'essaimage. Je reçus au mois de juillet, dans un flacon, à la place de Termites, des fourmis ailées, (formica herculeana, L.), l'erreur fut causée parceque ces fourmis vivaient dans le même cerisier dévoré par les Termites.

Etrange commensalité!

Il n'y a qu'un essaimage des Termites de Rochefort par année; il s'opère au mois de mars; on ne trouve plus ensuite de Termites ailés, c'est ce que j'ai toujours observé.

» nombre de nids, de certains insectes, (1)
» pyramides hautes de trois à quatre mètres,
» qu'il les prit pour des huttes de nègres,
» formant un village considérable. »

Sméathman vit, dans l'ile des Bananes, et sur le continent voisin, le nombre des monticules tellement multiplié, qu'il était « presqu'impossible de ne pas apercevoir, dans un » espace de cinquante pas, un de leurs édi» fices, et même deux ou trois contigus » (*Relat.*, p. 405.)

M. Clanet, agent comptable sur la Méduse, lors du naufrage de cette frégate, a fait la même observation sur le continent voisin de l'ile de Gorée.

Quand on voit que des myriades de Termites attaquent rarement, en Afrique, les arbres vivants, destinés que sont ces insectes à « hâter la destruction de ceux de ces arbres » qui, arrivés à leur maximum de croissance, » ne pourraient qu'embarrasser la surface de » la terre, par une longue et stérile déca-dence, » (*Relat.*, p. 451), on connaît qu'il est entré dans les desseins de la providence, de multiplier ces insectes sur ce sol aride, de donner à leurs organes la vertu de sécréter des sucs alimentaires, analeptiques même, qu'elle offre d'une main généreuse aux populations affamées qui appellent de tous leurs vœux, l'instant où, des monticules, bâtis par

(1) Adanson ne connaissait pas ces insectes. Le nom Termès ou Termite n'était pas encore adopté.

les Termites, sortiront ces insectes, « aliment » délicat et bon, comparé par les voyageurs, » qui en ont mangé, à de la moëlle sucrée, à » de la crème sucrée, à une pâte d'amandes » douces » (*Relat.*, *not.*, p. 434).

Les Termites qui vivent dans les sables stériles, sous un ciel brûlant, y sont donc appelés comme un bienfait.

Il n'en est pas de même des Termites de Rochefort. Comme ceux de la Zône-Torride, ils hâtent bien la mort des arbres que la « vieillesse menace d'une longue et stérile décadence » ; mais ils dévorent aussi, dans nos jardins, dans nos vergers, les arbres fruitiers jeunes et vigoureux. La jeunesse et la force des arbres, qui ne fournissent pas de fruits à nos tables, ne les garantit pas de la dent de ces insectes.

Comme un fléau dévastateur, de nos habitations, qu'ils ont envahies, et où leurs forces se sont multipliées, les Termites ont porté au loin, leurs ravages, ils les étendent sans cesse. Fermons-leur l'accès de nos maisons, de nos servitudes, de nos usines; relégués dans les campagnes, où nous les poursuivrons, par des labours multipliés et profonds, les Termites éperdus, seront ainsi livrés à la voracité des nombreux animaux qui en feront leur pâture ; ceux qui échapperaient, soumis, alors, à toutes les influences météoriques, cherchant le lieu de sûreté nécessaire à leur propagation, ne le trouvant plus dans nos maisons, leur nombre diminuera, de jour en jour, et nous pourrons espérer qu'un froid rigoureux, bienfait de la providence, anéantira ces insectes, ainsi dispersés.

En considérant combien de siècles se sont écoulés, depuis que l'attention a été dirigée sur les Termites, confondus, jusques à nos jours, avec les fourmis; le laps de temps pendant lequel les récits fabuleux, sur ce sujet, ont été admis dans les croyances populaires, on pourrait rapporter le long empire de ces erreurs, à l'instinct merveilleux de ces insectes. Toutefois, en remarquant que cet instinct n'a été dévoilé que de nos jours, il nous faut recourir à une autre cause : nous la trouverons dans la disposition des esprits à admettre, sans examen, les choses étranges, plutôt que de les soumettre à une observation rigoureuse. Ainsi, on publia, en 1819, en Angleterre, ce qui avait été raconté, il y a deux cents ans, par le voyageur Paul Lucas et autres, qu'à dix-sept journées sud-est de Tripoli, était une grande ville où les oliviers, les palmiers, étaient convertis en pierres couleur de plomb : que les hommes, dans la posture de leurs métiers, les femmes donnant le sein à leurs enfants, les quadrupèdes, les oiseaux, étaient tous de pierre.

En 1824, la société de géographie mettait au concours la solution de cette question : « s'il existe quelques faits physiques réels » qui ont pu servir de base à la tradition sur » une ville ou contrée remplies de pétrifica- » tions humaines. » Eh bien! un Anglais ne trouva, quelque temps après, qu'une ville en ruines sur le terrain désigné.

Lorsque la crédulité est portée quelquefois jusqu'à la sottise, l'obstination repousse souvent des choses véritables.

On a accusé Strabon d'avoir abusé de la crédulité de ses lecteurs, lorsqu'il a dit, qu'au sud de la mer morte il y avait une ville bâtie avec des blocs de sel, taillés comme des pierres, et voilà, qu'en 1817 et 1818, M. Charles Irby y a trouvé des agglomérations de sel et de sable très-propres aux constructions.

Combien n'est-il donc pas difficile d'atteindre la vérité, même dans les choses palpables!...

Les Termites n'étant connus, dans nos contrées, que par les ravages qu'ils exercent sur une grande étendue du département de la Charente-Inférieure, et par les craintes de leur migration dans les lieux voisins, j'ai cru utile et curieux de faire précéder mon mémoire de cette notice; sa lecture pourra préparer à la connaissance du sujet dont je m'occupe.

En remplaçant le mot *Europe* par celui *Charente*, j'ai donc dit avec Aldrovandi que je traduis. « Quoique je parle surtout des fourmis » (*Termites*) du département de la Charente-» Inférieure, je crois nécessaire de rappeler, » en passant, qu'on trouve, dans d'autres » climats, des espèces de fourmis dont les » unes sont venimeuses les autres sans venin, » ailées ou aptères, différentes de couleur et

» de volume. Moi qui n'ai pas visité ces ré» gions, je dirai, en peu de mots, ce que » *d'autres* ont raconté de la différence de » ces fourmis, de leur admirable instinct. » (*Aldr. de anim. insect.*, p. 512-513).

Les *autres* qui m'ont fourni les matériaux de cette notice, sont Hérodote, Aldrovandi, dont la vaste érudition m'a été si utile; les voyageurs qui, pendant le dix-septième siècle, firent, dans les deux indes, des découvertes si précieuses; plus tard Sparrman, Sméathman, ce dernier surtout, dont les curieuses observations détruisirent le merveilleux, dont ce sujet avait été jusques alors enveloppé. Latreille qui, après avoir découvert, dans nos départements, des nids de Termites, précisément à la même époque où ces insectes furent, à Rochefort, le sujet de mes recherches (1797) publia, en 1804, 1816, 1817 et 1819 (1), l'histoire la plus étendue, la plus remarquable de ces insectes indigènes, dont les mœurs, les habitudes sont si difficiles à connaître.

Sous une direction aussi savante, j'ai fait choix des récits qui pouvaient le mieux démontrer la marche lente, souvent pleine d'illusions, de l'esprit humain dans les choses même de simple observation. Sans m'écarter de cette voie d'élection, j'ai suivi l'ordre chronologique, à travers les siècles : dans cette longue progression, les chiméres se sont peu

(1) Dict. d'hist. nat. Deterville. Id. 2e édit. Règne animal, etc... Annales du Muséum.

à peu dissipées, et je suis enfin arrivé à cette époque remarquable où l'esprit, libre de fantastiques illusions, a pu se livrer à l'observation qui lui a découvert, sous le ciel brûlant des tropiques, les travaux admirables des Termites, les mystères de leur génération et leur prodigieuse multiplication, lesquels, mis au jour par Sméathman, ont détruit tant d'erreurs et causé une aussi vive admiration.

Sous un ciel plus doux, les observateurs, moins heureux, n'ont pas encore dévoilé les mystères de la copulation des Termites de Rochefort, ceux de leur génération, de l'évolution de l'insecte dans l'œuf, de sa nutrition lorsqu'il est dégagé de ses enveloppes. Nous ignorons si une alimentation particulière modifie, de même que dans d'autres genres, les différents ordres de l'espèce; si elle développe, chez les uns, la faculté génératrice, qu'elle étouffe dans les autres, si elle donne des armes aux soldats. Nous ne connaissons que les dommages que causent les Termites à notre département, les difficultés de les prévenir : heureux si l'emploi des moyens que j'indique peut contribuer à la destruction du fléau qui le désole.

MÉMOIRE

SUR LES TERMITES.

L'INSECTE qui fait de grands ravages dans les établissements du port, dans les maisons de la ville de Rochefort, dans plusieurs autres villes et dans quelques campagnes du département de la Charente-Inférieure a été désigné par les noms Fourmi Blanche, Pou de Bois, Caria, Varos, Fausse-Frigane, Vag-Vague, c'est le Termès des naturalistes, *Termes*. Avec Sparrman, on le nomme Termite à Rochefort.

Cet insecte exerçait, sans doute, depuis longues années des dégâts dans les établissements maritimes et dans la ville de Rochefort, lorsqu'en 1797, après avoir détruit la plus grande partie des bois de charpente et de menuiserie, des meubles et de ce qu'ils contenaient, d'une maison située rue Royale, longtemps inhabitée, ils se répandirent dans les maisons voisines, où ils jetèrent l'alarme; les habitants et l'autorité s'en occupèrent alors.

Cet insecte appartient à la classe des Névroptères ; il ne peut pas être rangé parmi les espèces observées en Afrique et dans les Indes, lesquelles se bâtissent, à la surface de la terre, dans les arbres, etc., des édifices de différentes formes. Le Termite de Rochefort a des rapports avec l'espèce qu'Adanson a décrite dans son voyage de Guinée, et qui y est appelée Vag-Vague ; comme elle, en effet, le Termès de Rochefort (1) demeure sous terre, et n'annonce, extérieurement, sa présence que par de petites galeries cylindriques, de la grosseur d'une plume à écrire, qu'il construit sur les différents corps, et sous l'abri desquelles il se porte où ses appetits l'appellent, où son instinct le dirige.

Cette espèce n'a pas autant fixé l'attention que celle des Termites maçons, dont les travaux sont un sujet d'admiration.

Les espèces de Termites observées en Espagne, en Italie, sur les bords du Var et de la Garonne, ont également des rapports avec le Vag-Vague.

On a surtout connu, dans ces derniers pays, leur action sur les végétaux vivants. On s'est plus occupé, pendant longtemps, à Rochefort, des ravages que les Termites exer-

(1) En désignant, ici, ce Termès par l'épithète de Rochefort, je ne veux pas dire que cet insecte soit particulier à cette ville, qu'il ne se trouve pas ailleurs ; on l'a reconnu dans plusieurs des villes, villages, châteaux du département de la Charente-Inférieure. Ils ravagent surtout Rochefort, Charente, Saint-Savinien, La Rochelle, etc, et menacent les autres villes du département.

cent sur les bois employés aux chantiers, tains, *cales*, destinés aux constructions des vaisseaux ou déjà mis en œuvre dans les charpentes, les parquets, les boiseries, les meubles, lorsque surtout des bois peu compactes avaient été employés à leur confection. La destruction de plusieurs produits des végétaux avait toutefois fixé l'attention, mais l'action destructive des Termites, sur les végétaux vivants, était moins connue.

On distingue parmi les Termès de Rochefort, ainsi que dans ceux de la zône torride, les travailleurs, les soldats et l'insecte parfait. Les premiers sont les larves de l'insecte. Dès le mois de janvier, on y trouve mêlées les nymphes, dont la métamorphose donnera les Termites, avec tous leurs attributs.

Les larves, plus nombreuses dans l'espèce, ont cinq millimètres de longueur. En comparant le volume de leur tête avec celui du corps, ces parties paraissent disproportionnées. Cette tête arrondie est luisante, couleur d'opale, translucide; l'occiput se prolonge à sa base. L'appareil buccal est généralement brun foncé. Les antennes blanches ont vingt articles, les deux premiers plus longs, renflés au sommet, comme invaginés, soutiennent, sur une articulation qui permet tous les mouvements, les autres articles, les plus petits inférieurs; le volume des suivants s'accroît graduellement, au fur et à mesure qu'ils s'éloignent de la base; les douze derniers sont seuls moniliformes. La mutilation fréquente des antennes s'opère, le plus souvent, sur l'articulation.

Les larves n'ont point d'yeux ; elles n'ont point d'ocelles.

M. Blanchard dit cependant : Les larves ressemblent assez aux neutres, *mais leurs yeux et ocelles sont presque nuls* (1).

D'après cet auteur, ces organes, presque nuls sur les larves, seraient apparents sur les soldats, rangés avec les neutres par plusieurs naturalistes, et par MM. Blanchard et Bofinet. (*Rech.*, p. 547).

Les Termites qui jouissent de tous leurs attributs ont seuls des yeux et des stemmates.

Le cou des larves se meut librement dans l'échancrure du prothorax selliforme, évasé à son bord antérieur. Le mésothorax est à-peu-près de la même forme. Le métathorax n'est pas autant évasé. Ces pièces du corcelet ont le luisant et la couleur d'opale de la tête.

Les six pates qui naissent d'un centre commun, sous le corselet, correspondent, en divergeant, aux interstices des pièces qui le composent ; elles sont terminées par deux onglets de couleur brune foncée.

L'abdomen ovoide, un peu rétréci à son insertion, est villeux, marqué de taches fauves ; une ligne brune, irregulière, occupe la partie centrale et dorsale de l'abdomen, et s'étend jusques auprès de l'anus, lequel est d'un brun foncé. Cette ligne superficielle ne doit pas être confondue avec la couleur noire

(1) *Cours compl. d'Hist. Naturelle.*

des matières excrémentielles contenues dans les viscères transparents des larves, qui élèvent des galeries sur les murs de nos caves, avec les détritus noirâtres des corps organisés au milieu desquels ils vivent (1).

Sur les parties latérales de l'anus s'élèvent deux petits appendices conoïdes (2) divergents; sont-ils biarticulés? L'anus et ces appendices sont entourés de villosités abondantes.

On distingue facilement sur les plus petites larves les neuf zones transversales, rudiments de celles colorées, que développe la métamorphose sur les Termites qui jouissent de tous leurs attributs.

M. B. a vu l'abdomen de ces larves plissé en anneaux. (*Rech.*, p. 547).

Ces larves impriment, de temps en temps, à leur abdomen, des vibrations très-remarquables. Ces mouvements, opérés isolément, ne paraissent point destinés à faciliter la sortie par l'anus de matières excrémentielles, dont d'ailleurs on ne voit aucune trace.

Ces mouvements s'exercent à distance des

(1) Cette couleur noire des matières contenues dans les viscères des Termites, avant leur métamorphose, s'est montrée plus intense à travers leurs organes, sur ceux que je conservais dans un tronçon d'acacia isolé, où ils vivaient sans aucun autre aliment. Plusieurs causes peuvent donc altérer cette couleur accidentelle des Termites.

(2) Style ou pointe de Latreille. *Dict. d'Hist. Natur.*; Déterville.

Pointes Coniques de Cuvier. *Règne animal distribue par classes.*

parois des vases où ces larves sont enfermées, ou des objets que ces vases contiennent. Ces mouvements sont rarement répétés coup sur coup.

Les nymphes ont huit millimètres de longueur, la tête, l'appareil buccal, les antennes, le corcelet, les pattes ont la même couleur et présentent les mêmes dispositions qui ont été observées chez les larves.

Les nymphes n'ont ni yeux ni stemmates.

Lorsque les rudiments des ailes paraissent, car on trouve des nymphes qui ne les présentent pas encore, ceux de la première paire naissent de la partie supérieure, latérale, externe du mésothorax, leur figure se rapproche de la demi-circulaire; ils semblent devoir se croiser. La seconde paire occupe, sur le métathorax, la même place que la première tient sur la seconde pièce du corcelet; ses rudiments paraissent plutôt tendre à s'écarter; ils sont plus larges que ceux de la première paire; dans les deux, ils sont blanchâtres, translucides.

L'abdomen blanc, nacré, plus gros que celui des larves, n'est un peu villeux qu'à son extrémité anale, très-légèrement tachée de brun, auprès de laquelle s'élèvent les appendices conoïdes.

L'essaimage des Termites ayant eu lieu, à Rochefort, dans le mois de mars, j'ai trouvé, au milieu d'une nombreuse collection de larves, recueillie dans cette ville au mois de mai, plusieurs nymphes, dont quelques-unes, très-rares, ne présentaient pas de rudiments d'ailes, lesquels étaient très-évidents chez les autres. Les nymphes, dans cette collection, étaient moins nombreuses que les soldats. La mortalité des unes et des autres, dans des vases, était proportionnellement plus grande que celle des larves.

Ces nymphes, dont le développement a été retardé, sont destinées, sans doute, à mourir vierges ; un second essaimage n'a, en effet, jamais été observé.

A la fin du mois de juin de la même année, j'ai vu des nymphes dans un tronçon d'acacia que dévoraient les Termites soumis à mes observations.

La métamorphose de ces nymphes, si peu nombreuses, s'acheverait-elle? et lui devrait-on la présence, dans les galeries, de l'insecte jouissant de tous ses attributs, observée dans toutes les saisons par M. B. (*Rech.*, p. 551).

Les larves et les nymphes des Termites, enfermées, exhalent une odeur acide, que Latreille a aussi reconnue.

La nymphe semble avoir pris son entier développement, ses ailes leur entier accroissement; cependant les unes et les autres conservent, quelquefois, la couleur blanche qui les distingue, dès le commencement de la métamorphose. Ce sont des Termites Albinos (1).

Les variations de température hâtent ou

(1) J'ai observé la même altération sur l'espèce de Blatte, nommée Ravet, à Rochefort, *Blatta Americana*, véritables Albinos nés de parents apportés d'Amérique, dont le climat de Rochefort a aussi altéré la constitution.

retardent le développement des nymphes, leur entière métamorphose, laquelle s'opère plutôt dans les bois de charpente ou de menuiserie placés auprès des cheminées, des fours, des ateliers où le feu est employé. On trouve quelquefois, dans le voisinage de ces foyers, d'énormes agglomérations de larves et de nymphes.

Dans les circonstances favorables, la métamorphose est achevée dès les premiers jours de mars; l'émigration la suit quelque tems après.

On ne trouve plus ensuite de réunion de Termites ailés.

Comme Latreille l'a observé dans les Landes, M. B. n'a vu l'émigration s'opérer, à Saint-Savinien, qu'à la fin de mai, où vers le commencement de juin. (*Rech.*, p. 550).

Lorsque la métamorphose est achevée, les Termites ont dix millimètres de longueur, la tête noire, luisante, plus petite que celle des nymphes, plus mobile, les antennes brun-pâle. Ces organes du toucher, directeurs de la marche des larves et des nymphes, ne sont plus employés à cette fonction, après la métamorphose; l'organe de la vue les y supplée. Ces insectes ont en effet quatre yeux, dont deux convexes, à facettes ou reflets, fixés derrière et un peu au-dessous de l'insertion des antennes. Les autres, beaucoup plus petits, jaunâtres (1), sont placés derrière et

(1) De Geer avait, depuis longtemps, observé, dans les *Termes fuscum* de Cayenne, des yeux jaunes lisses, lorsque Smeatman décrivit ces organes et leur position sur plusieurs espèces Africaines, dans sa relation sur les

un peu au-dessus de cette insertion et des yeux à facettes. Par cette disposition, ces parties forment entre elles une sorte de triangle, dont l'antenne est le sommet.

Le corcelet est noir; les ailes, d'un cendré pâle, diaphanes, portées sur une courte articulation, ont huit millimètres de longueur; la nervure qui occupe le bord externe costal, seule visible à l'œil nud, se divise en deux branches; le petit espace qui les sépare, et qu'on découvre à l'aide de la loupe, est occupé par une cellule brachiale extrêmement étroite, traversée par des nervures. Les rameaux que fournissent ces branches donnent, sur la plus large expan-

Termès, ajoutée au voyage de Sparrman. Les stemmates, au nombre de deux, étaient placés chacun au côté interne de chaque œil à facettes, sur le *Termes fuscum* de Cayenne, de même que Smeatman les a vus sur les *Termes arborum*.

Les stemmates, qu'on nomme aussi ocelles, n'occupent point la même situation sur les Termites de Rochefort. Ces organes, dans les différents genres de Termites, ne présentent donc ni le même nombre, ni la même position.

Cuvier leur reconnaît trois yeux lisses, dont un, *peu distinct*, est placé sur le front, et les deux autres sont situés un de chaque côté, près du bord interne des yeux ordinaires (*Règne animal divisé par classe*, t. III, p. 440, 1817).

Nous n'avons pas reconnu, dans nos recherches, faites vingt ans auparavant, et répétées souvent depuis, cet œil frontal peu dictinct, sur le Termès de Rochefort; est-ce la faute du microscope? M. Rambur indique deux stemmates seulement. (*Ibid*).

La couleur des stemmates n'est point donnée dans les familles naturelles de Latreille, t. III, p. 294, ni dans celles des espèces du même auteur, soit que ce naturaliste décrive les espèces lucifuges ou flavicoles. (T. III, du *Dict. de Déterville,* famille 57, G. 32, Esp. 5 et 6)

sion membraneuse de l'aile, des ramuscules qui s'anastomosent entre eux. D'autres ramuscules moins apparents, qui partent du même point d'insertion, s'étendent au bord opposé, qu'ils atteignent de leur extrémité, ployée auparavant par une courbe légère.

Ces ailes, couchées sur la partie dorsale de l'abdomen qu'elles recouvrent, ont dix-sept ou dix-huit millimètres d'envergure, lorsqu'elles sont étendues.

L'abdomen, moins gros et moins long que celui des nymphes est fusiforme, brun, annelé de jaune; on y distingue, moins facilement que sur les larves et les nymphes, les appendices conoïdes, plus minces, moins longs, au milieu des villosités abondantes qui les entourent, ainsi que l'anus.

Les cuisses sont noir brillant; le reste du membre est jaune brun d'abord, puis jaune pâle; deux petits ongles le terminent.

Lorsque la métamorphose a été opérée dans le sein de la terre, dans les charpentes, les parquets, les boiseries les plus rapprochées des foyers, des fours, ou plus exposés à la chaleur du soleil, les Termites, qui jouissent de tous leurs attributs, sortent, d'ordinaire, dans les temps secs, en foule pressée, le soir et la nuit, par une ou plusieurs issues, le plus souvent inaperçues jusqu'alors. L'émigration continue le lendemain, lorsque les émigrés n'ont pas trouvé une issue facile; leur vol est peu étendu, rapide, sans direction donnée, incertain, tournoyant, de courte durée.

Les Termites réunis dans les lieux qui les ont reçus, marchent processionnellement, avec vitesse, se servent peu de leurs ailes.

Lorsque l'émigration s'opère dans les appartements, et que les Termites tombent ou reposent sur les meubles, on en voit qui, par les frottements répétés de leurs pattes de derrière, réussissent à détacher leurs ailes.

Lorsque la métamorphose est opérée, comme je l'ai observé plusieurs fois, dans les longues pièces de bois d'un grand diamètre, entassées horizontalement à l'air libre, pour établir les chantiers ou tains sur lesquels on construit les vaisseaux, ces Termites, après l'essaimage, exposés au soleil, demeurent stationnaires ou marchent rapidement, en colonnes pressées, la tête toujours tournée au vent qui, même léger, les disperse, les emporte, ou détache leurs ailes quand ils changent de direction.

Nos Termites ne perdent donc pas leurs ailes au lever du soleil, ainsi que le dit l'auteur du *Règne animal distribué par classes, d'après l'organisation*, t. III, p. 440.

On a vu des Termites, sortants des bois que leurs larves avaient dévorés, dans le port de Rochefort, agglomérés, suspendus aux toits des hangars qui abritent les vaisseaux en construction, longtemps exposés à l'haleine du vent, emportés ensuite au loin par son soufle plus rapide.

Il est très-difficile de saisir les Termites qui circulent encore dans les méandres découverts, que les larves ont creusés dans les pièces de bois, de même que ceux qui, à l'air libre, sont exposés au soleil ; non que ces Termites s'envolent, mais à cause de la rapidité de leur marche ; ils conservent la même agilité lorsqu'ils sont privés de leurs ailes, lesquelles se brisent ou se détachent au plus léger choc.

J'ai vu des larves, des soldats, plus rares, errer incertains dans les méandres, avec des Termites ailés ou qui avaient perdu leurs ailes. Ces Termites étaient-ils de sexe différent ? Cherchaient-ils à s'accoupler ? En observant ces insectes, dans des vases de verre fermés, où je les avais réunis, dans lesquels quelques-uns conservèrent la vie pendant huit à dix jours, j'ai pu me convaincre, à plusieurs reprises, que la marche processionnelle que suivaient les Termites, avec une grande vitesse, dans ces vases, a pu être considérée comme un *tentamen* érotique ; mais rien n'a pu m'autoriser à y reconnaître autre chose que la marche ordinaire très-rapide de ces insectes, pendant laquelle ils étaient très-rapprochés.

Les Termites ne volent, sans se reposer, qu'à de petites distances, avec rapidité ; on les trouve rarement loin des lieux qui les ont vus naître.

Je n'ai jamais vu ces insectes tourbillonner en volant, de même que les fourmis. Peut-on admettre, pour nos Termites, cette opinion de Cuvier, que l'accouplement de ces insectes s'opère dans l'air, de même que celui des fourmis ? Je ne le pense pas.

Il suffirait qu'un des mâles des Termites de Rochefort, échappé à la destruction, presque générale, qui suit l'émigration des deux sexes, rencontrât une femelle, et que, livré aux soins des larves, ce couple, placé en lieu de sûreté, put, de même que des Termites exotiques, assurer la reproduction de l'espèce.

Un seul jour suffit pour disperser tous les Termites, qui ne sont pas destinés à cette reproduction.

De même qu'on trouve des Termès, sans ailes, lorsque celles-ci ont été détachées par un accident, ainsi, d'après les mêmes causes, on en rencontre, sans antennes, ou dont ces parties sont mutilées.

Quoique la mutilation s'opère, le plus souvent, sur l'articulation glénoïdale, qui unit le reste de l'antenne à son premier article, la perte, qui n'est pas rare, d'un ou de plusieurs des derniers articles, empêche qu'on puisse toujours compter, aussi facilement, que sur les larves, le nombre vingt qui les compose.

La longueur des soldats est de sept à huit millimètres. Leur tête, plus grosse que celle des autres membres de la famille, présente le même renflement de la région occipitale; sa couleur opale enfumée passe au brun foncé, par gradation, jusques à la naissance des mandibules, lesquelles de forme conique pyramidale, applaties en-dessous, opposées, horizontales, pointues, ont à leur sommet, une légère courbure interne. La couleur, brun foncé de ces mandibules, passe au noir à leur pointe, elles sont croisées après la mort seulement.

Les antennes sont de couleur brun enfumé. La tête, portée sur un cou blanc, se meut librement sous l'échancrure du prothorax selliforme, les autres pièces du corcelet ont la même figure. Le métathorax est plus petit, toutes ont la couleur d'opale. Les pattes sont armées de deux ongles plus grands que ceux des larves, des nymphes et de l'insecte parfait.

L'abdomen villeux, plus long que celui des larves, présente, au centre de sa face dorsale, une ligne brune étendue du corcelet à l'anus, les appendices conoïdes sont peu apparents. L'abdomen est, de temps en temps, agité des mêmes vibrations que j'ai souvent observées sur l'abdomen des larves.

Après avoir parlé des travailleurs, Stéathman dit : « le second ordre ou les soldats ont » une forme différente des travailleurs, quel- » ques auteurs ont cru que ces soldats étaient » des mâles, et les travailleurs des neutres. » C'est une erreur, les soldats ont seulement » subi un changement de formes et se sont » plus rapprochés de l'état parfait. » (*Relat.*, p. 428-429). Fabricius les avait pris pour des nymphes.

MM. Blanchard et Bofinet considèrent les soldats comme des neutres.

M. l'observateur de Saint-Savinien reconnaît des neutres jeunes et adultes, il divise ces derniers en ceux qui ont des mandibules courtes, fortes, et en ceux qui ont des dents ou cornes terminées par des crochets. (*Rech.*, p. 547).

Sméathman a vu les soldats défendre, avec intrépidité l'habitation commune, exciter les larves au travail, les soumettre à l'obéissance, hâter la marche des Termites voyageurs, la diriger, la surveiller. (*Relat.*, p. 460 et suiv.).

La plupart des voyageurs, Latreille, Cuvier, avec eux, pensent que les soldats sont seulement destinés à protéger, à défendre la famille.

Ils paraissent à M. Rambur veiller à la défense commune. (*Nouv. suit.* à Buf., liv. XXXVIII, p. 300).

On lit dans une note, au bas de la même page de cet ouvrage, « M. Guérin, qui doit publier une « monographie des Termites, pense que tous » les individus considérés comme des mâles, » dont les ouvriers paraissent être les larves, » sont des femelles vierges, *tandis que les sol-* » *dats sont les larves des mâles.* »

On ne peut pas partager l'opinion de Sméathman, « que les soldats ont seulement » subi un changement de formes et *se sont* » *rapprochés d'un degré de l'état parfait*; » ainsi les larves, métamorphosées en soldats, auraient acquis la faculté d'obtenir, plutôt, le complément de la métamorphose, le changement de couleur, les organes de la vue, ceux du vol, etc. Cependant on ne découvre jamais, à Rochefort, sur les soldats adultes, les ru-

diments d'ailes qui distinguent les nymphes. On ne peut donc pas admettre, non plus, cette opinion de M. Guérin, *que les soldats sont les larves des mâles*. Le mot larve porte, en effet, avec lui, l'idée de métamorphose, et jamais les soldats n'en présentent le plus léger indice.

Un très-petit soldat, né au printemps 1842, mêlé à des larves que j'avais rassemblées, me fut une preuve qu'il était sorti de l'œuf avec sa forme. Les soldats ne subissent donc point de métamorphoses.

Je pense, avec Latreille, que les soldats forment un ordre dans l'espèce.

Lorsque je recueillis mes observations, sur les Termites de Rochefort, je ne cherchai point à reconnaître à quelle espèce, de ce genre, appartiennent nos Termès.

Sachant, plus tard, que le Termès flavicole, recueilli par Forskael en Arabie, est le même qu'Adanson a observé sur la côte d'Afrique, etc., et qu'il a nommé Vag-Vague ; que ce Termès se trouve en Italie, en Provence, ainsi qu'en Espagne, où il nuit beaucoup aux Oliviers ; frappé ensuite de la couleur alternativement jaune et noire des anneaux de l'abdomen des Termites de Rochefort ; considérant, d'un autre côté, la facilité du transport de cette espèce de la côte d'Afrique, en Italie, en Espagne, et de sa migration dans nos provinces méridionales, je pus croire que le Termès de Rochefort était le flavicole.

Si Rossi a confondu cette espèce avec le Lucifuge, il n'est pas étonnant que, sans objet de comparaison, je n'aie pas pu assurer à laquelle de ces deux espèces, qui vivent toutes deux dans nos départemens méridionaux, appartient la nôtre. M. B. de Saint-Savinien n'a pas découvert, dans nos Termites, les caractères du Lucifuge, tels qu'ils sont tracés dans le cours complet d'Histoire naturelle, par MM. Blanchard et Brullé. (*Rech.*, p. 548). (1) Faut-il croire, avec Latreille et Cuvier, qui, placés au milieu des collections du Muséum, ont pu comparer les espèces, que le Termès de Rochefort est le Lucifuge, lequel aurait été transporté de l'Amérique dans nos ports?

En adoptant cette opinion, on ne peut pas toutefois s'empêcher de faire remarquer la difficulté du transport du Termès Lucifuge de l'Amérique, et la facilité de la migration du Termès flavicole de l'Italie et de l'Espagne, dans nos départemens méridionaux. (2)

D'ailleurs celui de Rochefort n'habite point nos bois; il vit au milieu de nos habitations, dans nos jardins, dans nos vergers, dans nos rues, sur nos places plantées d'arbres.

Depuis que je m'exprimais ainsi, il y a

(1) M. Rambur hésite à rapporter au Termès Lucifuge une larve ouvrière et une *larve de soldat* venant de Rochefort. (*Nouv. suit.* à Buf, liv. XXXVIII, Nevrop. p. 305).

(2) On m'a assuré que le vaisseau le GÉNOIS, qui avait été construit à Gênes sous l'Empire, dépecé à Rochefort lorsqu'il fut hors de service, contenait une espèce de Termites différente de celle de Rochefort; si le fait est vrai, il est regrettable que l'occasion de comparer ces espèces ait été perdue.

quarante ans, les Termites propagés hors des villes, dans les campagnes, se sont portés sur les arbres qu'on ne cultive pas dans les vergers, d'essences différentes, indigènes ou acclimatés, que leur jeunesse et leur végétation vigoureuse n'a pu défendre, à Rochefort, au Gué-Charrou, au N.-E. de cette ville; à Lacoudre, à Latouche à l'E.; à Charente où, sans compter les arbres séculaires ou plus jeunes de ses quais, ils ont détruit les arbres des champs voisins; au S.-E. de cette ville, à Saint-Clément, etc.; au delà de la rivière au S. dans la garenne de Saint-Hyppolite; dans les racines de bruyères, *erica*, non loin des Lances de Chevret, au S. de Saujon; à Saint-Georges, Ile d'Oleron, etc., etc.

Je n'ai point distingué les mâles des femelles. Je ne connais point leur mode d'accouplement; je n'ai point trouvé de collections d'œufs dans les trous qu'ils habitent, dans les bois qu'ils détruisent.

Quelque soit la conformité de l'opinion que j'ai émise (p. 15), sur la génération des Termites de Rochefort, avec ce que nous ont appris les voyageurs, de cette fonction chez les Termites exotiques, toutefois, la nature modifiant, à son gré, les actes les plus importants des espèces, a pu soumettre la reproduction des Termites de nos climats à d'autres règles que celles qu'elle a imposées aux insectes du même genre, sous la Zone-Torride.

En effet, Latreille qui trouva, vers la fin de l'hiver, le Termès lucifuge au collet des chênes et des pins, qui croissent auprès de Bordeaux, n'y vit d'abord, que deux ordres, les larves et les soldats. Quatre rudiments d'ailes commencèrent à poindre, dès les premiers jours du printemps, sur quelques larves, qui passèrent, ainsi, à l'état de nymphes. Par le progrès de la métamorphose, la couleur blanche des nymphes fut changée en noir, des yeux et des stemmates ornèrent leur tête, leurs ailes se développèrent, et les deux sexes, jouissant des mêmes attributs, purent émigrer au mois de juin, et travailler à la reproduction de l'espèce.

Un mois après, ce naturaliste trouva, dans les méandres que les larves avaient creusés, des Termites sans ailes; les œufs qui y avaient été pondus, ressemblaient à une poussière impalpable.

La métamorphose des larves, en nymphes et en insectes parfaits, exige-t-elle le cours de deux années, ainsi que le pense Latreille?

M. Bofinet, (1) un des observateurs, des Termites, les plus zélés et les plus patients, a trouvé à Saint-Savinien, dans le mois de juin 1842, au centre d'une solive, sept mères de Termites, longues de huit à dix millimètres, presque blanches ou d'un roux très-pâle, sans corcelet, sans ailes, d'un volume *énorme* comparé à celui des mâles, (*Rech*. p. 550), lesquels ont le corps noir et six milli-

(1) Recherche sur les Termès de la Charente-Inférieure, Recueil périodique de la société d'agriculture de Saint-Jean-d'Angély, année 1842, n° 3.

mètres de longueur (*id.* p. 548); trois de ces mères avaient achevé leur ponte; leurs œufs formant de petits tas, ressemblaient à du sucre en poudre. Le ventre de deux de ces femelles était très-volumineux, deux autres mères lui parurent occupées à pondre (*id.*, 551-552). Ces mères étaient entourées, dans un espace de moins d'un mètre, de larves assez nombreuses, pour qu'on eut pu en remplir un litre. Quelques ailés circulaient dans les galeries éloignées des mères. Cet observateur croit que les ailés sont comme les bourdons chez les abeilles, uniquement destinés à la fécondation des femelles (*id.*, 550). Il place ces mâles au centre de l'habitation qu'ils occupent avec les mères, tant qu'ils ne sont pas trop nombreux (*id.*, 551); dans le cas contraire, ils émigrent ou sont expulsés, vers la fin de mai, ou le commencement de juin, après la fécondation (*id.*, 550), laquelle ne peut être opérée que dans la Termiterie. (*id*, 552). M. N. qui n'a point d'exemple contraire, a *toujours* vu ces Termiteries auprès des cheminées où l'on fait du feu, ou d'un four, ou d'une forge (*id.*, 549).

A Rochefort la métamorphose est achevée dès le mois de mars (1), on ne trouve plus de Termites ailés un mois après. Sméathman, ce fidèle historien des Termites dit aussi, « on » peut ouvrir vingt nids sans trouver un seul

(1) En 1843, achevée dans le mois de mars, l'émigration s'opéra le 28 de ce mois.

» ailé, on ne les y voit qu'à la saison pluvieuse,
» époque où ils viennent à dernière métamor-
» phose, et émigrent. » (*Relat.*, p. 430).

M. B. n'a point vu à Saint-Savinien de très-jeunes mâles à rudiments d'ailes. (*Rec.*, 552). Cet observateur ne parle, d'ailleurs, des nymphes que pour assurer qu'il ignore si les mâles et les femelles passent à l'état de nymphes (*id.*, *id.*). M. B. ne dit rien aussi de l'évolution de ces insectes.

Quelque soit le peu de distance qui sépare Rochefort de Saint-Savinien, les observations de M. B. relatives à l'habitation de ces insectes, aux époques de leur fécondation et de leur émigration diffèrent en plusieurs, points, de celles que j'ai faites depuis 1797.

Ainsi, dès qu'on eut reconnu l'existence des Termites à Rochefort, je vis qu'ils s'étaient, surtout, établis dans les nombreuses pièces de bois de chêne d'un grand diamètre, entassées, pour former les tains ou chantiers non abrités, destinés à recevoir des vaisseaux en construction. Ces chantiers, qui avaient été exposés à toutes les influences météoriques, négligés pendant la révolution, fournissaient aux Termites, dans le Port, de même qu'à la Vieille-Forme, de vastes asiles qu'ils s'y creusaient, et une alimentation abondante, *loin de tout foyer de chaleur artificielle*.

Les Termites exercent, d'ailleurs, de préférence, leurs ravages dans les maisons de ville inhabitées, dans celles de campagne, même, isolées, également inhabitées, qu'aucun foyer de chaleur artificielle n'échauffe. Ne les trouve-t-on pas dans les champs, dans les prés, dans les bruyères, dans les bois éloignés de tout foyer ? Latreille ne les a-t-il pas observés dans les pins, dans les chênes des environs de Bordeaux ?

A la mi-mars, vers neuf heures du matin, le dimanche des Rameaux, par un fort vent de N.-E., un peu froid, j'ai vu dans le grand Port, sur une pièce de bois d'un de ces chantiers, des myriades de Termites ailés, émigrés, exposés au soleil, la tête tournée au vent, rangées en longues files processionnelles ou stationnaires. La chaleur des foyers n'est donc pas nécessaire à l'évolution des Termites ? Toutefois, dans les maisons habitées, ces insectes préfèrent *toujours* le voisinage des lieux dont la température est élevée par une chaleur artificielle.

Dès le mois de janvier, les nymphes, distinguées par les rudiments d'ailes, sont mêlées aux larves. Leur métamorphose achevée au mois de mars, est annoncée, quelque temps après, par l'émigration des Termès. Les ailes, les yeux, les ocelles, le changement de couleur, prouvent le développement de tous leurs attributs.

M. B. rejette, ainsi que moi, avec Sméathman, l'opinion de ceux qui pensent que l'accouplement des Termites, dont les sexes différents seraient également pourvus d'ailes, se fait en l'air, au milieu de l'essaim.

Ravi, comme il devait l'être, de la découverte qu'il avait eu le bonheur de faire, de cinq mères, M. B. empressé de communiquer, à la Société des sciences naturelles de la Rochelle, (*Rech.*, p. 552) le succès qu'il devait à ces opiniâtres recherches. M. B. se borne à faire une esquisse rapide de ces mères, laquelle s'éloigne, d'une manière si frappante, des descriptions connues des femelles fécondes, qu'on doit regretter que cet observateur ait cédé à un empressement qui nous prive d'une description si utile.

Ces mères aptères, jouissaient-elles des autres attributs compléments de leur organisation, nécessaires, sans doute, à la reproduction de l'espèce? Sans corcelet, quel était le lieu d'insertion des pattes? Ces mères étaient-elles apodes?

Quelque soit en effet le prodigieux développement de l'abdomen des mères fécondées, le corcelet donne, dans les interstices des pièces qui le composent, passage aux deux rangs de trois pattes chaque de ces mères.

Privées d'yeux, sans ailes et sans pattes, reléguées au centre de l'habitation, (*Rech.*, p. 546) ces mères seraient donc réduites à l'état de gallinsecte? (1)

On doit désirer que, libre de séduisantes préoccupations, M. B. ait de nouvelles occasions d'observer ces mères, s'il les trouve

(1) Latreille avait vu les femelles après leur ponte privées seulement de leurs ailes, conservant la couleur noire, produit de leur métamorphose.

aptères, c'est que leurs ailes auront été détachées, il verra leurs yeux à facettes placés sur les parties latérales de leur *petite tête*; (*Rech.*, p. 547) deux stemmates jaunes, très-apparents, orneront leur front, et les six pattes passant dans les interstices des pièces du corcelet, réunies à ces autres organes, lui présenteront une mère jouissant de tous ses attributs.

Comparant alors l'époque à laquelle il a fait sa découverte à Saint-Savinien, avec celle où sous une température, à-peu-près, égale, la métamorphose a été opérée à Rochefort, dans une pièce de bois exposée à l'air, cet observateur reconnaîtra, infailliblement, que le passage des larves à l'état parfait n'a pas été achevé à Saint-Savinien, précisément dans le même temps qu'à Rochefort, que la copulation et la fécondation s'étant opérées aussitôt après, la gestation s'est prolongée jusqu'à l'instant ou M. B. a découvert des mères fécondées non délivrées, d'autres opérant leur délivrance, et d'autres dont les ovaires ne contenaient plus d'œufs. Alors M. B., qui n'admet pas les copulations aériennes, convaincu que les instincts, les appétits et les mœurs, qui dérivent de la conformation des organes, ont la plus grande analogie dans les espèces du même genre, instruit par les observations de Sméathman (*Relat.*, p. 403), admises par Latreille, Cuvier, etc., que les Termites femelles ont, après la métamorphose, des ailes, de même que les mâles, « qu'il n'est pas tou-

» jours donné à un seul couple, sur plu-
» sieurs millions de trouver un lieu de sûreté,
» pour accomplir le vœu de la nature. »
(*id.*, p. 432) Que le couple qui échappe s'il est rencontré par les larves, protégé et nourri par elles, est seul chargé de la propagation de l'espèce, M. B. ne trouvera assurément pas étranges les présomptions que leur conformité avec les procédés ordinaires de la nature a fait naître.

M. B. a vu à Saint-Savinien « les essaims
» d'ailés, partir de midi à deux heures,
» par deux ou trois trous qui ne laissent pas-
» sage qu'à un seul individu à la fois, mani-
» fester dans cet acte un tel empressement
» qu'on les croirait poursuivis. » (*Rech.*, p. 550).

Quel autre motif que celui de la propagation de l'espèce, pourrait expliquer cet empressement d'un insecte, désormais éphémère, qui ne peut avoir d'autre instinct que de « chercher un lieu de sûreté pour accom-
» plir le vœu de la nature, » ce qu'il n'eut pas pu faire dans l'habitation commune, où le trop grand nombre de mâles, en un lieu resserré, eut été un obstacle à la copulation ! Ainsi les autres insectes qui vivent en société, les abeilles, les fourmis, etc., ne remplissent jamais le vœu de la nature dans l'habitation commune.

En même temps que M. B. découvrit les mères, il les vit entourées d'une immense quantité de larves. (*Rech.*, p. 552). Sans son excusable préoccupation, cet heureux observateur les eut vues, sans doute, donnant des soins aux mères, ainsi que Sméathman l'a observé en Afrique, là, dans chaque habitation commune, *placée dans un lieu de sûreté*, une mère se délivre de ses œufs, que recueillent les larves. (*Relat.*, p. 438).

Dans ces régions stériles, la prodigieuse fécondité des mères assure un aliment aux populations. Dans celles très-fécondes, il était nécessaire que des agents de destruction multipliés, fussent chargés de réduire incessamment les êtres organisés en molécules, d'où la nature extrait les éléments qu'elle place dans de nouvelles combinaisons.

Dans le climat moins producteur que nous habitons, à la place d'une mère, au ventre immense, qui verse des myriades d'œufs ; de même, encore, qu'on le voit chez d'autres insectes vivants en société, la nature a voulu que, d'ordinaire, une seule femelle, quoique son abdomen n'eut que huit à dix millimètres de longueur, (*Rech.*, p. 547) isolée dans un lieu de sûreté, se délivrât des fruits de son union, proportionnels aux productions à détruire. Plusieurs mères rapprochées, sur un même point, n'auraient pas, en effet, la liberté nécessaire à l'accomplissement des importantes fonctions qu'elles doivent remplir.

Quelque soit, d'ailleurs, l'instinct des larves, telle mère n'eut-elle pas reçu des soins multipliés, lorsqu'une autre aurait été privée de ceux nécessaires ? Ce partage inégal de soins ne se serait-il pas étendu aux produits de la fécondation des méres?

Ces méres qui, sans armes, ne peuvent, comme les femelles d'autres insectes, vivants en société, (dont la fureur jalouse ne s'éteint qu'après la mort de la dernière rivale), détruire celles qui les entourent, n'éprouveraient-elles pas, en voyant ces soins ainsi partagés, un trouble nuisible à leur gestation, à leur délivrance, à leur progéniture?

Si l'on pouvait voir les Termites sans autre abri que celui qu'ils se forment, exposés aux alternatives d'une vive chaleur et d'un froid rigoureux, réunis dans leurs souterrains où ils peuvent être submergés par des pluies abondantes, ou par des inondations; leurs essaims élevés dans les airs, dispersés par les vents, abattus par les averses, poursuivis par les animaux qui en font leur proie; on ne serait pas étonné qu'un seul couple ne trouvât pas le lieu de sûreté, et l'on ne regarderait pas comme hasardée cette assertion que, suivant les voies de la nature, les agents de destruction sont, dans nos climats, en rapport avec les productions.

Mais si l'on considère les Termites dans nos habitations, à l'abri des accidents auxquels ils seraient exposés dans les campagnes, étendant leurs ravages pendant la belle saison, se réfugiant, lorsque l'hiver lui succède, dans leurs souterrains, sous l'abri de nos toits, ou bravant le froid, auprès des nombreux foyers de chaleur artificielle, réunis dans les villes; essaimant dans les lieux où ils ont vécus, on ne sera pas surpris de ce que plusieurs couples qui, hors de nos habitations, ne seraient point échappés à la destruction générale, aient trouvé dans nos chantiers, dans nos charpentes, dans nos boiseries, près de nos foyers, plusieurs lieux de sûreté où ils ont pu accomplir le vœu de la nature, et d'où leurs nombreuses générations s'écoulent et portent leurs ravages dans les habitations voisines, dans les jardins, dans les campagnes. Ainsi, l'on pourra expliquer la réunion anormale de plusieurs femelles fécondées dans un même point.

Nos maisons, réunies sous les noms ville, bourg, village, etc., sont donc, d'après le mode actuel de nos constructions, lorsqu'elles sont infestées, des centres où, produits de multiplications anormales, pullulent des myriades de Termites qui se répandent et portent au loin leurs dévastations.

Dans les premiers temps de la découverte des Termites à Rochefort, lorsque tous les jours offraient de nouvelles preuves de leurs ravages, un couvreur m'apporta un bon nombre de très-petits œufs ronds, brun foncé, lisses, brillants; il assurait qu'il les avait pris dans une charpente infestée par les Termites. Je reçus ces œufs dans un vase de verre, qui fut placé sur la cheminée de mon cabinet, afin de pouvoir les observer plus facilement, mais, par un excès d'ordre, un domestique jeta ces œufs.

On a dit qu'une boîte contenant des œufs de Termites recueillis à Charente, destinée à M. Audouin, avait été confiée à M. Lessore, ingénieur des ponts et chaussées. Cette boîte ouverte à Paris au mois de février, avant d'avoir été dirigée à son adresse, par M. Swilgué, aujourd'hui ingénieur en chef, ne contenait point d'œufs, mais seulement des Termites pleins de vie. M. Lessore observe très-judicieusement qu'il eût été difficile d'y trouver des œufs pendant ce mois d'hiver.

Les découvertes de Latreille, les recherches de M. B. de Saint-Savinien donnent donc les seuls faits authentiques sur ce sujet.

« Plus heureux que Latreille, M. B. a » vu sortir, des œufs blancs microscopiques » ronds, les larves qui étaient imperceptibles » à l'œil nu, mais, à l'aide de la loupe, on les » voyait marcher, elles jouissaient de » tous les organes de l'adulte. » (*Rech.*, p. 552).

J'ai observé, à la fin de mai, et dès les premiers jours de juin, dans de grosses pièces de bois de chêne, exposées à l'air, depuis long-temps, et infestées par les Termites, une grande quantité de larves très-petites ; je pense qu'elles étaient écloses, tout nouvellement, des œufs déposés, par les Termès femelles, depuis peu de temps, dans ces bois. Ce qui doit confirmer cette opinion, c'est que ces pièces, d'un chantier, étaient celles sur lesquelles j'avais vu, un mois auparavant, une très-grande quantité de Termès, jouissant de tous leurs attributs.

Plusieurs des larves, quelques soldats recueillis à la fin du mois de septembre 1842, étaient aussi petits que ceux que j'avais observés au printemps. J'en trouvai d'également petits au mois de mars de l'année suivante, avant que l'émigration des Termites eut annoncé l'achèvement de la métamorphose, laquelle ne s'opéra à Rochefort, que le 25 de ce mois.

De combien de voiles sont encore enveloppés les mystères de la génération des Termites!

Après la saison froide et pluvieuse, lorsque le soleil lance ses rayons dans une direction plus verticale, les larves des Termès sortent de leurs retraites et élèvent, hors des maisons, sur les arbres, le long des différens appuis, les galeries à l'abri desquelles elles peuvent se diriger. A cette même époque, elles élèvent aussi des galeries dans l'intérieur des maisons, dans les endroits d'où une température trop basse les avait éloignées pendant la mauvaise saison.

M. B. a vu mourir à Saint-Savinien les Termites exposés à une température de 4° sous o.

J'ai reconnu avec M. Lipphardt, jardinier

en chef de la marine à Rochefort, que l'hiver rigoureux de 1828-1829 avait détruit beaucoup de ces insectes qui infestaient, dans le jardin botanique de Rochefort, le terrain de l'ancienne école. Ce froid détruisit, aussi, tous les Termites qui ravageaient quelques jardins à l'Est de la rue de la Fonderie, et notamment celui de M. Cochet. D'autres jardins auront sans doute également été délivrés de ces insectes par le même froid. Celui qui se fit ressentir dans l'hiver de 1788 à 1789 a dû détruire les Termites établis loin des foyers de chaleur. Pendant le long espace de temps qui s'est écoulé, depuis lors, jusques à 1828, la température plus douce des hivers a favorisé la production de ces insectes dans les champs, les prairies et les arbres.

Les Termites habitent nos maisons, en toute saison. Durant l'hiver, ils s'y tiennent dans tous les lieux où la température leur est favorable, ainsi, on les voit alors dans les boiseries rapprochées des foyers d'une chaleur artificielle, ou agglomérés sous ces foyers en quantité innombrable. On les trouve aussi dans les pièces de charpentes, de menuiseries qu'ils ont creusées et où ils sont à l'abri du froid. La chaleur qui se dégage des arbres, à laquelle s'ajoute celle qui résulte de leur agglomération, suffit, quelquefois, pour les garantir. Ainsi, un amas considérable de Termites, vivants agglomérés, a été trouvé sous un orme, dans un village voisin de Rochefort, après qu'on eut coupé ses racines.

Les Termites bâtissent leurs galeries sur les pierres, sur les murailles, les boiseries, les végétaux vivants, etc. Le vide tubuleux de ces galeries est cylindrique; la partie de la paroi appliquée au corps sur lesquels elles sont élevées, est plus mince; ces corps leur servent même, le plus souvent, de paroi postérieure, laquelle, ainsi que tout l'intérieur de la galerie, offre une surface très-lisse. Le diamètre de ces galeries est assez grand pour permettre une circulation facile des travailleurs et des soldats.

Dans ce travail, les ouvriers prennent, entre leurs mandibules, une molécule de la matière qui doit servir à la construction des galeries, et après l'avoir mouillée, d'une humeur qui sort de leur bouche, ils placent cette molécule, qu'ils agglutinent avec la voisine, de sorte qu'elle ne fasse aucune saillie intérieurement, et que la portion la plus rugueuse soit extérieure.

Quoique les Termès construisent, le plus souvent, leurs galeries sur la surface des corps, cependant, lorsque la distance qui les sépare de l'objet, par lequel ils sont attirés, lorsque la situation relative de cet objet exigerait une longue constrution de galeries, alors les Termès les bâtissent sans appui, et dirigent, à vol d'oiseau, sur cet objet, une galerie sans support, dont les éléments sont seulement unis avec l'humeur fournie par les Termites. Ainsi les larves de ces insectes, alléchées par la farine humide, adhérente aux parois de sacs, qu'on avait placés sur un four chaud, construisirent, en l'air, de haut en bas, dans une direction verticale, une galerie de plusieurs décimètres de longueur. M. B. leur a vu construire un tube vertical, quelquefois isolé, à l'aide duquel elles s'introduisirent dans le plancher inférieur. (*Rech.*, p. 555).

Ces larves construisirent ailleurs des galeries horizontales, pour atteindre un pot de miel.

Attirées par le papier qui enveloppait un flacon, elles bâtirent, en arcade, une galerie de plusieurs centimètres de longueur, laquelle n'avait de support que le point d'où elle s'élevait et celui qui le recevait, lesquels lui servaient, comme de culées. Tels les ponts suspendus, élevés dans les monticules du Termès belliqueux, pour abréger le chemin des travailleurs. (*Relat.*, p. 421).

Les matériaux que les Termès emploient à la construction des galeries sont différents, suivant les lieux où elles sont élevées; les larves préfèrent cependant le sable siliceux : on voit même des galeries faites avec ce sable, sur les pièces de charpente des toits les plus élevés. C'est donc par erreur que Latreille a dit : « Si des obstacles les forcent à » sortir, les Termites construisent en dehors, » *avec les matières qu'elles rongent*, des tu- » yaux ou des cheminées qui les dérobent » toujours à la vue. » (*Dict. d'hist. nat.* t. XVI, p. 129).

Ce gravier siliceux n'est point converti, dans

leur bouche, en argile solide et pierreuse, de même que cela arrive, d'après Sméathman, dans la bouche des larves qui, en Afrique, emploient un gravier fin à la construction de leurs monticules. (*Relat.*, p. 429).

Les galeries sont faites, dans quelques caves, et autres lieux bas et humides avec des détritus mêlés à un terreau noir.

Les larves du Termès ne paraissent pas toujours avoir un but bien déterminé, lorsqu'elles construisent des galeries; ainsi, on les voit, quelquefois, élever deux galeries sur une tige commune; si la galerie a été bâtie sur un tronc, dont une branche ait été coupée, long-temps auparavant, et que le bois, ainsi privé d'écorce, ait été altéré, par son exposition aux influences météoriques, les larves épanouissent, là, leur galerie sur une surface plus étendue, afin d'y réunir un plus grand nombre de travailleurs.

Quelle que soit la nature des matériaux que les larves emploient à la construction des galeries, l'intérieur de ces tuyaux est couvert d'un revêtement qui en efface les aspérités.

A quelque degré que soit portée la métamorphose, ces insectes et les soldats montent dans les galeries perpendiculaires; ils diffèrent ainsi de plusieurs de ces insectes Africains, dont les larves montent difficilement dans les galeries qui ont cette direction, que les soldats ne peuvent pas suivre. (*id.*, p. 420).

Lorsqu'une galerie est rompue à six centimètres, ou à-peu-près, au-dessous de son orifice supérieur, on trouve, dans cette étendue, 30 ou 40 ouvriers, et un ou deux soldats.

Si l'on attaque la galerie par le sommet, les ouvriers entrent aussitôt en agitation ; tous leurs mouvements annoncent l'inquiétude ; mais, à l'instant, un soldat monte sur la brèche, et, dans des mouvements automatiques, il darde, sans discontinuer, sa grosse tête, de droite à gauche et de gauche à droite ; pendant ces mouvements, ses pinces sont alternativement rapprochées ou écartées ; si elles saisissent les objets que l'on place dans leur écartement, le corps de ces soldats entre, alors, dans une telle contraction qu'il se courbe en arc, dont la concavité est supérieure ; il n'abandonne point ces corps, se laisse emporter avec eux. S'ils sont lisses ils échappent quelquefois à l'action de ses pinces ; on entend, alors, un certain bruit, et le soldat est lancé à plusieurs centimètres en arrière. L'action de ces pinces conserve son énergie alors même que l'abdomen est profondément blessé depuis plusieurs jours.

Le soldat est-il attaqué, lorsqu'il est placé sur un plan, il rapproche l'abdomen du corcelet, porte sa tête horizontalement sur ce plan, la dirige de droite à gauche, en écartant ses pinces ; il ne cherche point l'agresseur ; mais lorsque le doigt persécuteur est rapproché du soldat, d'un millimètre, celui-ci s'élance, le frappe de ses armes, sans le pincer, sans exciter de douleur ; il saisit aussi, dans cette situation, les corps qu'on place entre ses mandibules et les serre avec la même ténacité. Mais lorsque, isolés, sur un papier, les soldats sont plus vivement harcelés, ils s'agitent de mouvements rapides, présentent toujours leurs armes écartées, et font entendre un bruit très-remarquable, plus souvent répété, en raison de l'opiniâtreté de l'agression. Ce bruit me rappelait le tic-tac des soldats du Termès belliqueux, pour exciter les travailleurs, (*Relat.*, p. 454), ou celui fait par les soldats inspecteurs, pour hâter la marche de l'armée des Termites voyageurs. (*id.*, p. 461).

Je rapportais ce bruit à la détente rapide de la contraction qui avait rapproché l'abdomen du corcelet. Les mandibules n'y participaient pas.

Lorsque le désordre est porté à son comble, dans la république, par l'agression des curieux, les soldats perdent courage et se retirent, en fuyant, dans les trous ou méandres qui communiquent avec les galeries. Leur fuite est rapide.

Loin donc d'avoir le courage que déploient les soldats du Termès belliqueux dans la défense de l'habitation commune, (Sméathman, *Relat.*, p. 453) les soldats des Termites de Rochefort, d'abord menaçants, bientôt effrayés, fuient, sans même avoir fait sentir la pointe de leurs serres à leurs agresseurs. Personne, à ma connaissance, n'a été blessé par ces serres ; elles n'ont fait couler le sang d'aucune.

Quand les trous ou méandres sont trop éloignés du siège du désastre, les larves, les nymphes, les soldats, qui se trouvent à découvert, ont une marche plus lente, incertaine ; par les mouvements rapides et continuels des antennes de ces insectes, lorsqu'ils suivent la direction que la galerie occupait, on doit croire que ces organes leur en font connaître les sinuosités. Les antennes seraient donc, chez ces insectes, les organes du toucher et non ceux de l'odorat, comme on l'a avancé.

Le siège de ce dernier organe, si exquis chez les Termès, comme l'histoire de ses mœurs le prouve, est inconnu, de même que celui d'un grand nombre d'autres insectes.

La marche des larves est également incertaine, quand on enlève, tout-à-coup, les corps qui les abritent ; ces larves se réfugient alors, en tâtonnant, avec leurs antennes, dans les souterrains qu'elles se sont pratiqués, ou dans les vides qu'elles se sont creusés dans les substances qu'elles rongent.

Les larves des Termites placées à l'air libre, sur un plan, suivent plus rapidement plusieurs directions indéterminées: peu touchées de ce qui arrive à leurs compagnes, écrasées ou blessées, elles continuent leur marche, bien différentes des fourmis, dont elles ont porté le nom, lesquelles à la blessure ou à l'écrasement d'une des leurs (événement aussitôt répandu), éprouvent une émotion si vive, que leur marche processionnelle en avant, ou rétrograde en est subitement interrompue, à quatre ou cinq centimètres de distance du lieu de l'accident, les fourmis abandonnent alors leurs rangs, courrent de çà, de là, éperdues, jusqu'à ce que, plus calmes elles viennent chercher le blessé ou emporter le cadavre.

Mais si l'on place les larves sur un plan, avec les débris des substances dans lesquelles elles étaient établies, ces larves se réfugient sous leur abri, et semblent fuir l'impression de l'air et de la lumière; elles évitent, ainsi que les nymphes, avec plus de soin les effets de ce dernier agent. Enfermées dans des vases de verre transparent, avec des débris de corps organisés, elles se pressent, en effet, au centre de ces débris; elles y pratiquent des galeries, ou se mettent dans l'ombre de ces *détritus*, quand ces vases ont été exposés au soleil.

Le nom Lucifuge, donné à cette espèce lui vient, sans doute, de la nécessité qui lui est imposée de fuir la lumière.

La galerie détruite est bientôt après rétablie, les Termites ne l'abandonnent entièrement, d'ordinaire, qu'après y avoir été trop souvent inquiétés.

Si leur travail est extérieur, ils le quittent dans la saison des pluies et de la froidure et se retirent dans leurs souterrains, dans l'épaisseur des bois mis en œuvre, dans les chantiers les plus à couvert, dans les parties des maisons les plus rapprochées des fours, des foyers, où ces insectes trouvent une température douce, nécessaire à leur conservation.

Les larves des Termites construisent seulement des galeries pour se diriger d'un point à un autre. Lorsqu'elles portent leur action destructive, sur les corps qu'elles peuvent y soumettre, à l'abri de l'air et de la lumière, elles ne construisent pas de galeries ; l'on en trouve donc, rarement, dans les tas de copeaux humides, dans l'arsenal, et chez les ouvriers, quoique les Termites s'y réfugient en grand nombre ; ces insectes n'ont pas alors besoin de cet abri.

Voulant observer des larves, dans une maison où ces insectes sont inconnus, j'en plaçai un bon nombre, avec des débris terreux et ligneux, au milieu desquels elles avaient vécu, dans un vase de verre, à large ouverture, laquelle fut fermée avec un bouchon de liége qui avait servi. Ce vase était d'ailleurs enveloppé, dans plusieurs circonvolutions, d'une double feuille de papier. Après 24 heures, ce vase fut retiré de l'obscurité où il avait été placé, les feuilles de papier ayant été déroulées avec précaution, on trouva un grand nombre de larves dans la première enveloppe, la seconde n'en contenait point. Ces larves étaient sorties par trois routes qu'elles s'étaient frayées dans la partie du bouchon la plus rapprochée de la paroi du col du vase, cette paroi formant un des côtés du chemin. Les autres étaient sorties dans le vide fait par le passage d'un tire-bouchon, quelques-unes s'étaient logées dans ce vide.

Un morceau de papier blanc, un pain à cacheter blanc furent alors placés dans le vase qu'on ferma avec un bouchon neuf. On plaça le vase dans une soucoupe pleine d'eau, le premier bouchon, qui eût pu contenir encore des Termites, fut placé sur l'autre; vingt-quatre heures après, le bouchon neuf, creusé dans son centre, de nombreux méandres, était percé perpendiculairement, dans son plus grand diamètre, de deux trous, à l'aide desquels les larves s'étaient portées dans le premier bouchon, en laissant entre ceux-ci, quelques débris de liège et de sable. Plusieurs autres perforations, moins étendues, avaient été également pratiquées dans le pourtour inférieur du bouchon neuf. Un sillon semblable à ceux qui, creusés dans le premier bouchon, avaient donné des issues aux larves, fut pratiqué dans le second; les larves qui y passèrent avaient posé les rudimens d'une galerie, mais plusieurs d'entre elles, sorties de l'ancien bouchon, ou par les nouvelles issues, étant tombées dans l'eau, la galerie fut abandonnée. Les larves tombées à l'eau nageaient en soulevant leur abdomen; elles formaient ainsi une portion de cercle, dont la concavité était supérieure ; ces larves vécurent ainsi plusieurs jours, en nageant, sans aucune direction. Lorsque le hasard, ou peut-être leur instinct les avait conduites vers le vase, elles faisaient, alors, de longs efforts, souvent impuissants, pour s'élever sur sa surface. Elles périrent enfin noyées.

J'ouvris le vase, le papier blanc était intact, le pli perpendiculaire qu'il formait avait été recouvert, sur toute sa surface, de différents débris dont la réunion présentait une galerie irrégulière, laquelle conduisait à l'orifice interne d'un des conduits pratiqués dans le bouchon. Le pain à cacheter intact, ou du moins peu altéré sur ses bords, était recouvert, sur ses deux faces, de débris peu pressés, qui entouraient quelques taches de moisissure jaune.

Un nouveau pain à cacheter blanc, fut mis dans le vase. Cependant les larves, enfermées avec les débris qui occupaient les deux tiers de sa capacité, travaillaient à établir, au milieu de ces débris, des voies dans lesquelles elles pussent circuler ; elles furent surtout pratiquées dans le tiers inférieur de cet amas, elles formaient une suite de sinuosités étroites ; la rencontre d'une larve suivant une direction opposée à celle qui s'y était engagée, forçait l'une ou l'autre à céder, ce qu'elle faisait rapidement, à reculons, quelquefois en se retournant, d'autrefois en passant sur l'autre.

Le bouchon ayant été enlevé, douze jours

après l'introduction du second pain à cacheter, le premier fut trouvé flétri, presque intact ; un quinzième de la surface du papier avait été détruit sur un de ses bords ; le pain à cacheter, le dernier mis, moins flétri, avait fourni une petite partie de ses bords à la nourriture de ces larves.

Le premier des bouchons, dans lequel les larves s'étaient introduites, ayant été replacé sur le second, après avoir passé quelques jours dans l'eau qui isolait le vase, ces larves s'y portèrent de nouveau, en passant par les voies qu'elles s'étaient pratiquées dans le grand diamètre du bouchon neuf.

Dans le même temps, j'eus occasion d'observer la finesse de l'ouie de ces larves. Ayant débouché le flacon, je voulais saisir une larve, avec une longue pince ; malgré le soin que je mettais à éviter les corps voisins, le bruit inaperçu, pour moi, de ce contact l'effrayait, et la larve s'éloignait de même que si la vue l'eût avertie de ce danger. Quoique ces observations fussent faites dans le mois de juillet, sur des larves anciennes et sur quelques autres de l'année, la matinée étant fraîche, et les larves placées dans un vase reçu dans une soucoupe pleine d'eau, à la température atmosphérique, paraissant engourdies, je remplaçai l'eau par le même liquide à 28 plus ° R., et aussitôt les larves s'agitèrent de mouvements rapides et multipliés qui diminuèrent avec l'abaissement de la température.

J'observai la même agitation après que j'eus exposé le vase qui contenait ces larves, à la lumière et à l'ardeur du soleil, le thermomètre centigrade marquant 25 plus °. Mais, pendant cette dernière observation, les larves, au lieu de circuler rapidement dans les sinuosités superficielles, se précipitaient au centre du vase; l'une d'elles, sans s'aider de la galerie pratiquée dans le tube formé par le papier, courut sur sa surface extérieure, pour se mettre à l'abri de la lumière, au milieu d'un des canaux pratiqués dans le plus grand diamètre du bouchon neuf.

Enfin le papier et les pains à cacheter furent enlevés, les pains sans nouvelle altération; le papier qui avait servi d'appui aux matériaux de la galerie, était percé de plusieurs trous dans toute la longueur d'un des angles de ce tube irrégulier.

Un morceau de papier sans colle, deux morceaux de cuir et de draps de différentes couleurs remplaçaient, dans ce vase, les objets qui en avaient été ôtés.

Peu de jours après, le papier seul avait été en partie détruit. La moindre agilité des Termites, par la température plus froide du matin, m'ayant déterminé à placer le vase de verre qui contenait les insectes sur un support reçu dans un vase plein d'eau, je plaçai cet appareil, à dix heures du matin, au soleil sur une terrasse, près d'un mur élevé, exposé au Sud-Est; la température étant dans les appartements à 19 plus ° R. à midi, tous les Termites étaient morts.

Le 18 septembre 1843, j'ai fait recueillir des Termites par un temps équinoxial très-pluvieux. Ils furent placés dans une fiole à large ouverture, qu'on ferma avec un bouchon de liége, mouillé de goudron intérieurement. Ce vase, plongé dans l'obscurité, y resta jusqu'au 22. La température était, à l'ombre, dans le fond d'un appartement à l'Est, à 17 plus° R. temps pluvieux, vent d'ouest par rafales. Le vase fut placé entre le volet et la fenêtre, fermés pendant la nuit; soit par l'abaissement de la température, soit par le changement de lieu, ces Termites avaient perdu de leur agilité. Pour les animer, je les plaçai, à 9 heures du matin, dans l'angle, exposé au midi, d'une fenêtre. Le soleil se montrait par éclaircies; sa présence était précédée ou suivie de grains. La lumière du soleil excita aussitôt une vive agitation parmi ces insectes, qui se réfugièrent, sur un même point, au Nord et au fond du vase, sous l'abri des détritus ligneux enfermés avec eux. Deux heures après, presque tous avaient cessé de vivre, quoique les nuages ou la pluie eussent, de temps en temps, intercepté la lumière du soleil. La température plus élevée du vase était sensible au toucher, quoique le thermomètre n'indiquât que 18 plus° R. Ces expériences, ces observations, prouvent que nos Termites très-lucifuges, que le froid tue, périssent lorsque, renfermés dans des vases de verre, ils sont exposés, pendant un temps peu prolongé, à une température de 20 plus° R. et à l'action peu durable de la lumière du soleil.

M. B. de Saint-Savinien voulant observer les Termites, en plaça dans une boîte d'acacia, où ils étaient à l'abri de la lumière, cet observateur leur fournit pendant quatre mois différentes substances alimentaires; ayant cessé de leur en donner le mois suivant, M. B. ne trouva dans cette boite, quand ce mois fut écoulé, qu'un ou deux de ces insectes vivants et des débris des autres. Il reconnut que ces Termites s'étaient entre-dévorés. (*Rech.*, p. 554).

J'avais placé des larves, des nymphes, des soldats dans un compotier étranglé vers son orifice. Aux débris du bois où ils avaient été recueillis, j'ajoutai, dans ce vase, du pain, des pains à cacheter incolores, de la farine, du sucre, des morceaux de pommes, du liége. Je réunis par une de leurs extrémités, quatre morceaux de différents bois, jasmin, *jasminum officinale*; arbre de judée, *cercis siliquastrum*; acacia, *robinia pseudo-acacia*; et sapin, *pinus maritima*; lesquels par l'écartement de leur extrémité libre, formaient les angles d'une pyramide, dont la base était reçue dans le compotier; celui-ci, mis dans un vase qui contenait de l'eau, y était enfermé, comme dans une île; le tout fut couvert d'une grande cloche de verre, dont la base était plongée dans l'eau qui avait reçu le compotier. Ces précautions étaient prises pour empêcher l'évasion des Termites. Réfugié sous l'abri de ces substances, un très-petit nombre de ces insectes se porta isolément vers les aliments qui, intacts en apparence, se couvrirent de moisissures. Ces substances renouvelées n'attirèrent pas davantage les Termites. Aucun des bois ne fut attaqué. Quand après un mois je voulus voir encore ces insectes, je ne trouvai que la tête d'un soldat.

Parmi un très-grand nombre des mêmes insectes, qui avaient été recueillis dans des vases de verre, pendant cinq à six jours, je choisis plusieurs des larves, des nymphes qui me parurent les plus vigoureuses, et je les mis dans un vase de verre blanc de douze centimètres de hauteur et quatorze de circonférence, avec quelques-uns des débris des bois où ils avaient vécu, de la sciure de bois de sapin et quelques pains à cacheter incolores. Ce vase ouvert fut placé sur le manteau d'une cheminée chauffée tous les jours, la température variable de 8 à 13° plus o centigrades. Ces insectes qui se réunirent du côté opposé à la lumière, se frayèrent des chemins à travers la sciure, puis amoncelés, rarement agités des mouvements vibratiles que j'ai déjà signalés; la lumière et la chaleur du soleil, ou une température plus élevée, les faisaient seuls sortir de leur repos. L'absence des agents qui l'avaient troublé, leur permettait de le prendre de nouveau. Je n'avais pas vu ces insectes depuis deux jours, lorsqu'après vingt jours d'observations, je ne trouvai dans ce vase ni Termites, ni débris. Cependant ces insectes n'avaient pas pu monter sur le verre dont un étranglement de l'ouverture les eut forcés à marcher renversés pour y arriver.

Une boîte de ferblanc à deux compartiments, séparés par une cloison du même métal, éclairés des deux côtés, par des vitraux reçut, dans chaque compartiment, des mêmes insectes, ils y furent entourés des mêmes débris, des mêmes substances alimentaires. Ces Termites se tinrent cachés sous l'abri qu'elles leur formèrent, de manière à se soustraire à mes observations, quelques-uns les quittaient toutefois, mais rarement pour s'y réfugier bientôt après. Le même laps de temps étant écoulé, je ne trouvai ni Termites, ni débris de ces insectes dans un des compartiments d'où il était impossible qu'ils eussent pu sortir.

Les mêmes obstacles s'opposèrent à ce que je fisse des observations dans l'autre compartiment où tout se passa comme dans le premier, jusqu'au jour où je constatai la perte de tous les hôtes de celui-ci; ayant alors soulevé l'abri qui recouvrait ces insectes, je les trouvai assemblés, vivants; leur tranquillité fut alors troublée par les secousses qu'il fallu donner à la boite, pour vider le compartiment. Dix jours après, la plupart de ces insectes, que j'avais laissés vivants, étaient morts, les plus petites larves avaient survécu, on n'y voyait qu'un petit nombre de nymphes et pas un soldat, les cadavres de sept d'entre-eux et cinq de leurs têtes étaient mêlés aux cadavres et aux débris peu nombreux des larves, dont l'abdomen était desséché de même que celui des cadavres des soldats: ce qui restait des Termites vivants fut divisé en deux parties. L'une qui ne quitta pas le compartiment, l'autre qui circulait sur les débris des bois avec lesquels ils avaient été apportés, fut, placée dans le vase de verre blanc cylindrique qui avait déjà servi aux expériences; pour éloigner l'action des rayons lumineux, le compartiment fut dirigé de manière à l'en garantir; j'enveloppai le vase de verre dans du papier; malgré la précaution que j'avais prise d'approvisionner ces insectes des aliments qu'ils préfèrent; quelques jours après ils avaient cessé de vivre, sans qu'aucun débris put constater leur existence dans ces vases: s'étaient-ils entre-dévorés, comme M. B l'a pensé. (*Rech.*, p. 554).

Les végétaux vivants et plusieurs produits naturels ou artificiels de ces êtres organisés, les bois travaillés, ou conservés pour différents usages, les sucs sucrés ou gommeux de ces bois, les semences, les fruits, sont les objets sur lesquels les larves des Termites font de préférence des dégâts; mes recherches ne m'ont point fait connaître que ces insectes dévorent, ici, les étoffes de laine, ils attaquent même très-rarement les autres substances animales: en effet, j'ai seulement constaté qu'ils avaient rongé le cuir de plusieurs souliers, et dévoré surtout le fil avec lequel ils avaient été cousus; ces souliers étaient dans une maison située près d'un four chauffé, tous les jours, plusieurs fois; dans la même maison, ils ont traversé de part en part, en les rongeant, tous les livres brochés placés sur l'une des tablettes d'une bibliothèque; ils ont détruit, aussi quelques points de basane de ceux qui étaient reliés, en établissant des galeries, d'un point à un autre, sur la même couverture.

J'ai donné à M. le professeur Audouin, un volume broché, extrait de cette bibliothèque.

Je m'étais aperçu, en 1829, que des mèches de coton avaient été rongées, jusque dans l'intérieur de bougies, dans une longueur de plusieurs centimètres. J'ai constaté, en 1830, sous les yeux de M. Cairon de Merville, capitaine de vaisseau en retraite, chargé, par M. le Préfet de la Charente-Inférieure, de me consulter sur les moyens de détruire ces insectes, et de s'opposer à leurs ravages, que les Termès, après avoir détruit la plus grande partie du papier qui enveloppait plusieurs kilogrammes de cette bougie, et les fils qui les liaient, avaient aussi détruit les mèches de plusieurs d'entre-elles jusque dans leur intérieur ; ils avaient creusé des trous, plus ou moins profonds à la surface des bougies, un petit nombre de ces trous en traversait quelques-unes de part en part. (1) La caisse, où ces bougies avaient été placées, était dans un cabinet, situé au sud du second étage de la maison que j'occupais ; les Termites, sortis des terres du jardin, n'avaient été arrêtés ni par la distance, ni par les difficultés.

Les végétaux vivants qu'attaquent les larves des Termites sont, parmi ceux à tige ligneuse, les abricotiers, les pruniers, tous ceux qui portent des drupes ou fruits à noyaux et versent de la gomme ; elles n'épargnent pas les pommiers, les poiriers. les seps de vignes rangées en treilles. Elles avaient tellement rongé un ancien cyprès (*Cupressus sempervirens*), planté dans un lieu très-abrité, qu'il fut renversé par le vent auquel il n'opposait plus assez de résistance : je les ai vues dans le tronc d'un faux ébénier (*Cytisus laburnum*) ; dans celui d'une aubépine du canada (*Cratægus coccinea*) ; dans les peupliers d'Italie (*Populus fastigiata*) ; dans celui de Virginie (*Populus heterophilla*) ; dans un arbre de Judée (*Cerois siliquastrum*) ; dans la charmille (*Carpinus*

(1) Je n'avais pas vu jusqu'alors que les Termès dirigeassent leur action destructive sur le coton et la cire. Je ne l'ai pas observé depuis.

betulus); dans un mûrier (*Morus rubra*); dans les racines de jeunes tilleuls, sur la Place d'armes de Rochefort, dans les lauriers-roses (*Nerium oleander*), etc. Ces derniers étaient dans des caisses infestées.

Bien long-temps avant que M. B. de Saint-Savinien, eut fait les observations qu'il a insérées, dans ses recherches, (p. 553-554), j'avais entendu dire et répéter, qu'on avait constaté, par diverses expériences, que le bois d'acacia, *robinia pseudo-acacia,* n'était pas attaqué par les Termites. J'opposais à ces assertions l'observation que j'avais faite, il y a plus de quarante ans, de galeries élevées par les Termites sur le tronc d'un acacia, planté au nord de la Place d'armes de Rochefort, vis-à-vis l'officine de M. Pelletier. J'attribuais aux ravages exercés sur cet arbre, par ces insectes, le peu d'accroissement qu'il avait pris. On m'assurait que la partie ligneuse de ces arbres était épargnée par ces insectes, qui se bornaient à dévorer le liber, en s'introduisant entre le bois et l'écorce, et que la mort de ces arbres, devait être rapportée à l'humidité qui pénétrait dans cet interstice. M. B. borne, aussi, au liber les ravages des Termites sur l'acacia.

Lorsque, à l'aide de galeries élevées sur l'écorce des acacias, dirigées vers un nœud mort ou vers l'emplacement d'une branche coupée, des Termites cherchaient à pénétrer dans le bois, (ainsi que je l'ai vu sur d'autres arbres) des observateurs ont pensé que la saveur de l'écorce de l'acacia convient moins aux Termites que celle du bois, d'autres observateurs, également consciencieux, assurent que l'odeur particulière de l'écorce de cet arbre, et surtout celle de ses racines, la dureté de son bois ne mettent point l'acacia à l'abri des atteintes de ces insectes qui les rongent, quelquefois, jusqu'au cœur.

Tel était le résultat de mes investigations lorsque je reçus de M. B. le cahier du recueil périodique de la Société d'agriculture de Saint-Jean-d'Angély, lequel contient les recherches de cet observateur. J'y vis que M. B. avait enfermé des Termites dans une boîte faite avec du bois d'acacia, recouverte d'un vitrage qui permettait d'observer ces insectes, et que ce bois, quoique humecté par un liquide versé par l'anus des neutres, n'avait pas été entamé par leurs dents, que M. B. avait vues jouer sur les points humectés. (*Rech.*, p. 553).

M. B. mit, ensuite, dans du tan, en fermentation, des planchettes de tous nos bois, et vit, quelques mois après, des myriades de Termites dévorer toutes les natures de bois, l'acacia excepté, (*id.* p. 554) d'où M. B. conclut que l'*acacia seul est un préservatif véritable*, effet constaté, d'ailleurs, sur une pièce de la maison de cet observateur, complètement préservée par l'emploi de ce bois. (*id.*, p. 557-558).

De ces rapports, de ces observations, quelquefois contradictoires, de ces expériences, il faut conclure que les Termites, qui s'introduisent, entre le bois et l'écorce des acacias, peuvent causer la mort de ces jeunes arbres, comme cela a été observé sur les plantations faites dans les rues de Rochefort, non que la perte de ces arbres puisse être rapportée à l'humidité parvenue dans les interstices, laissés par la destruction du liber, mais bien plutôt à ce que la nutrition a été interrompue par l'absence de ces couches intérieures de l'écorce. On peut conclure de ces rapports, etc., que l'action destructive des Termites, sur ces arbres, plus avancés en âge, peut s'exercer pendant longues années, sans empêcher entièrement leur végétation, ainsi que cela a été reconnu, à Rochefort, sur l'acacia qui a long-temps vécu sur la Place d'armes, sur un autre, bien plus vieux, qu'on voyait dans le Port, auprès des bureaux de M. l'Ingénieur-Directeur des travaux hydrauliques, et sur plusieurs de ceux plantés sur les quais de Charente.

J'ai pu constater les effets de cette action sur un tronçon de celui des acacias vieilli dans le Port de Rochefort ; ce tronçon, dépouillé de son écorce, avait 20 centimètres de diamètre, la moelle et le centre ligneux étaient irrégulièrement dévorés, tandis que l'aubier était intact, contrairement à ce qui s'opère sur les arbres d'un tissu moins dense. Les faisceaux de fibres longitudinales, les vaisseaux qui suivent cette même direction, n'avaient point été entièrement séparés des prolongemens médullaires ; ils ne formaient point, par leur isolement, ces feuillets concentriques circulaires que présentent les bois moins compactes, dont le tissu utriculaire a été dévoré. Quelques portions de fibres, et des vaisseaux longitudinaux n'avaient pas échappé à la dent des Termites. Les prolongements médullaires engagés dans les aréoles du tissu ligneux en soutenaient quelques parties de figures irrégulières, les vides opérés par la destruction étaient également irréguliers, et les Termites, qui vivent encore dans ce tronçon, circulent facilement dans les méandres produits de la réunion des lacunes qui communiquent toutes ensemble. Quelques-unes de ces lacunes sont emplies de concrétions, dont la matière est étendue en couches plus ou moins épaisses, sur les parois de celles qui sont vides. Cette matière est, sans doute, formée des détritus des vaisseaux, dont les molécules, liées par une humeur, que les Termites excrétent sont unies à leurs excréments, et mêlées avec de la terre. Ainsi, sous la Zone-Torride, les Termites des arbres, recouvrent de cette dernière substance, les bois dont ils dévorent l'intérieur. (*Relat.*, p. 450). Je ne puis m'expliquer comment ces concrétions sont échappées à quelques observateurs. (*Rech.*, p. 556). Je les ai trouvées même entre les feuillets de livres brochés, placés avec d'autres livres sur les rayons d'une bibliothèque, où ils avaient été traversés, comme eux, de part en part, par les Termites. J'aurai occasion de parler encore de ces concrétions.

Ayant conservé le tronçon dévoré par les Termites, dans la boîte neuve de sapin où il avait été placé, j'isolai cette boîte sur un support de verre, dont la base était dans l'eau. Pour observer l'action de ces insectes sur le bois d'acacia non altéré, je plaçai sur le tronçon où vivaient encore les Termites, une rouelle de tout le diamètre d'un tronc d'acacia coupé à l'âge de 9 à 10 ans, conservé pendant 10 ans à-peu-près et par conséquent très-sec. Les Termites, alléchés par ce bois très-sain, quittèrent, bientôt après, les méandres du tronçon, et attaquèrent l'acacia qui le couvrait, non sur l'aubier, mais dans le canal médullaire d'un très-petit diamètre et dans les conduits séveux qui l'entouraient.

Comme je n'avais jamais observé la moelle de l'acacia, je pus croire que la couleur brune des utricules médullaires, de la rouelle de ce bois, indiquait leur altération ; mais je reconnus, bientôt après, sur des rameaux sains, et coupés depuis peu, que le brun est la couleur normale de la moelle de l'acacia.

Plusieurs larves réunies creusaient cette partie centrale, tandis que d'autres larves éparses, dans le vide qui séparait le bois sain du bois infesté, attaquaient le ligneux, on distinguait les traces, quoique légères, des mandibules des Termites, sur plusieurs points de sa surface. Mes observations troublèrent les travailleurs, il n'en parut bientôt plus. Je reconnus de nouveau les traces des mandibules sur le ligneux. Je vis ensuite que ces insectes avaient creusé en cône très-allongé le centre de la rouelle, à 12 millimètres de profondeur, dont l'orifice avait 5 millimètres de diamètre. Des grains sabloneux, rudiments de galeries entouraient cet orifice.

Le bois infesté restait soumis aux mêmes précautions. On avait ajouté, dans la boîte de sapin, où il était conservé, différentes substances alimentaires ; de l'acacia fraîchement cueilli, dont la moelle avait été mise à nu ; du sapin, du liége, de la farine sèche ou réduite en pâte solide avec l'eau, etc., etc. Toutes ces substances restèrent intactes.

L'action extérieure des Termites étant suspendue, je dus craindre qu'ils n'eussent cessé de vivre. Je sortis donc l'acacia infesté de la boîte. Plusieurs des larves, qui s'étaient placées sous son abri, sur la paroi inférieure de la boîte de sapin paraissaient languissantes.

Le tronçon coupé en deux contenait beaucoup de ces insectes très-actifs. Il fut remis dans la boîte. Les divisions successives de ce tronçon, en fournirent un nombre proportionné à leur volume. Ces divisions étaient également isolées dans la boîte.

L'action des Termites restait d'autant plus inaperçue, que les curieux la suspendaient aussitôt.

Il y avait déjà quelque temps que, par hasard, le côté opposé de la tranche d'acacia, dont la moelle et les parties voisines avaient été rongées, par les Termites, avait été mis en contact avec les divisions du tronçon infesté, lorsque voulant continuer mes observations sur ce tronçon, je vis que la moelle de la tranche, et les parties qui l'entourent, avaient aussi été rongées de ce côté, en un cône allongé, de la longueur de 5 à 6 millimètres, l'orifice ayant au plus 4 millimètres de diamètre. On distinguait, à l'aide de la loupe, au portour de cet orifice, de même qu'autour de celui plus grand, du côté opposé, l'empreinte des organes destructeurs des Termites, plus sensible sur les points les plus rapprochés de l'orifice du cône, faciles à distinguer d'avec les aspérités produites par les dents de la scie. On ne voyait pas de ce côté des rudiments sablonneux de galeries, on y distinguait à peine quelques concrétions noirâtres observées en plus grand nombre sur le côté opposé.

La division successive du tronçon dévoré diminuait dans chacune le nombre des Termites. On n'y en trouva plus lorsque ces divisions trop nombreuses ne leur laissèrent plus un espace suffisant pour assurer leur sécurité.

Malgré la précaution que j'avais prise d'entourer d'eau l'appareil qui les avait reçues; quelques jours après que j'eus opéré une nouvelle division de la rouelle, toutes me parurent vides de Termites, l'eau en avait reçu un petit nombre qui y nageait, un plus grand nombre des plus faibles était resté sur la paroi inférieure de la boite , à l'abri de la rouelle ou de ses divisions. Elles y moururent bientôt après, et n'y laissèrent que des restes atrophiés très-rares, comme cela était arrivé dans d'autres expériences.

Il est bon de faire observer que la boite neuve de sapin, polie au rabot, dans laquelle ces insectes avaient été enfermés avec l'acacia où ils avaient vécus et où ils vivaient encore, ne reçut aucune atteinte de la dent des Termites, quoique le sapin soit un des bois que ces insectes préfèrent, tandis qu'ils rongèrent les centres opposés d'une rouelle d'acacia, bois qui, « humecté même d'une humeur ver- » sée par l'anus des neutres, avait résisté aux » dents des deux espèces de cet ordre, qui a- » vaient joué sur les points humides, sous les » yeux de M. B. de Saint-Savinien. » (*Rech.*, p. 553).

Je crois pouvoir conclure de mes nombreuses observations que, le plus souvent, les Termites renfermés dans des vases, n'y peuvent pas vivre long-temps, lorsqu'ils y sont séparés des substances où ils s'étaient établis et où ils vivaient ; qu'ils refusent dans la captivité les aliments qu'ils préfèrent, lorsqu'ils jouissent de la liberté.

On peut donc rapporter tout ce qui a été dit de la longue existence des Termites nourris dans des vases ou dans des boîtes, avec les aliments qui leur étaient donnés, à ce que ces insectes peuvent supporter long-temps la privation d'aliments.

Les observations faites à Rochefort, à Charente, etc., ne permettent donc plus de mettre en question si les acacias vivants peuvent être attaqués par les Termites, et si ces insectes peuvent causer la perte de ces arbres, en rongeant le liber quand ils sont jeunes; en détruisant la moelle, les prolongements médullaires, et même les faisceaux ligneux quand ils ont vieilli.

A Saintes, l'expérience a aussi prouvé que les Termites ont attaqué l'acacia sain, de préférence au sapin, également sain, dont l'acacia était entouré. Quoique l'action destructive des Termites sur l'acacia soit démontrée, le bois que cet arbre fournit est cependant un de ceux qui, exposé à l'air, résiste davantage à l'action incessante des météores. Nous devons donc une vive reconnaissance à Plumier qui, en 1693, dota la France de ce bel arbre qu'il avait recueilli en Virginie. Que les Propriétaires suivent donc le bon exemple que leur donne M. Bofinet! Qu'ils cultivent l'acacia! Aucun autre arbre ne leur fournira autant de bois à brûler dans un temps aussi court. Jeune, l'acacia donne des cercles, des échalas, et, s'il est élevé dans une terre légère et fraîche, à l'abri des vents, il peut fournir des tiges de 20 à 24 mètres de hauteur, de plus de 3 mètres de circonférence, de bois compactes et durables à nos usages, et des bordages excellents pour nos vaisseaux. Les Anglais depuis long-temps font usage de ce bois au-dessus de la ligne de flottaison de leurs vaisseaux.

Parmi les végétaux herbacés vivants, les Termites préfèrent ceux qui appartiennent à la famille des crucifères, (*Tetradynamie*) : ainsi, ils dévorent les choux, la lunaire (*Lunaria annua*), les giroflées (*Cheiranthus*), etc. On les trouve dans les œillets, dans les artichauts, les malvacées, etc.; à Oleron, ils recherchent surtout le basilic (*Occymum basilicum*). Dans un champ, près de Charente, ils détruisirent, il y a quelques années, une assez belle récolte de froment. Ces larves avaient rongé d'abord la racine intérieurement, puis le chaume.

Ayant mis des larves de Termès dans un verre, avec du terreau, pour les observer, une semence y germa; bientôt ces larves, qui s'étaient réfugiées dans le centre du verre, pour se soustraire à l'influence de la lumière, se rendirent auprès de la paroi du verre, où la semence s'était développée, la jeune plante succomba bientôt à leurs attaques.

Tous les végétaux sur lesquels j'ai pu faire les observations que je viens de rapporter, étaient plantés dans les jardins voisins des maisons de la ville, des établissements du Port, dans les jardins de Charente et même dans les campagnes voisines.

Loin de borner leurs ravages au liber, de s'établir seulement entre le bois et l'écorce des arbres vivants, comme l'espèce de l'Amérique septentrionale, ou au collet des chênes, comme celle du département des Landes (1), les larves des Termès qui, d'ordinaire, passent immédiatement de la terre dans la substance des arbres, pénètrent leur partie ligneuse, la rongent en suivant les couches concentriques, de sorte que les troncs rongés représentent des feuillets circulaires et concentriques, formés par ceux des vaisseaux séveux qui distinguent sourtout ces couches. Les troncs des peupliers d'Italie, plantés dans les rues de Rochefort, et que le vent a renversés, ont présenté ces traces de destruction ; la végétation de ces arbres n'avait pas été suspendue.

Ces feuillets sont quelques fois soutenus par des portions des prolongements médullaires qui les unissaient, et, lorsque ces supports sont plus rapprochés, ces prolongements ainsi altérés, représentent, assez bien, des sortes de lacunes communiquant ensemble analogues à celles que l'on distingue dans les plantesMonocotylédones, principalement dans le tissu de celles qui croissent dans les eaux.

Les Termès creusent des méandres irréguliers, sans suivre les couches concentriques, dans les arbres qui sont encore très-jeunes, ils attaquent, alors, de préférence, les parties internes, les moins rapprochées du centre, le liber, etc.

(1) Depuis la rédaction de ce mémoire, M. Latreille a dit que les Termites se pratiquent des galeries sous l'écorce des chênes, des oliviers, dans la partie ligneuse.

Dans les arbres d'un tissu plus dur, (excepté l'acacia), l'aubier est d'abord dévoré par ces insectes. Ces arbres sont plutôt attaqués, lorsque l'âge ou les maladies ont diminué leur vitalité ; il ne faut pas croire, cependant, que les Termès n'exercent leurs ravages que sur les arbres dont les racines sont altérées, ainsi que Sméathman et quelques autres naturalistes l'ont pensé. Les observations faites au Guet-Charou, à Charente, à Oleron, prouvent le contraire. Les jeunes peupliers dont j'ai parlé, ne présentaient pas plus cette altération que les tilleuls, bien plus jeunes, plantés sur la Place d'armes de Rochefort, il y a quelques années, dont les racines, après leur mort, étaient infestées par ces insectes.

J'ai dit que les larves des Termites passaient, d'ordinaire, de la terre dans les tissus des arbres qu'ils dévorent ; il arrive cependant, quelquefois, que ces insectes construisent des galeries à la surface de ces arbres, qu'ils les élèvent jusque sur des parties dépouillées d'écorce, soit à la suite de maladies ou de plaies, et qu'ils pénètrent, par là, dans le tissu de ces arbres, lorsque surtout la partie ligneuse mise à nu a éprouvé quelque altération.

Les larves des Termites atteignent aussi les fruits encore suspendus aux arbres. Avant 1816, elles se portèrent dans quelques fruits d'un pommier, planté dans le jardin, infesté par les Termites, de la maison qu'occupait, à la fonderie de Rochefort, le Directeur d'artillerie de la marine.

Les Termites atteignent, dans les fruiteries, les fruits qu'on eût voulu y conserver. Ceux qu'on place pour un temps très-court sur les tablettes des offices, sont, bientôt après, attaqués.

Les fruits, dans lesquels il m'a été donné de voir les Termites, sont les poires, les pommes, les citrons, les marrons. Les Termites ne pénètrent jamais dans les fruits qu'après avoir percé les tablettes ligneuses sur les quelles ils ont été placés, et dans l'épaisseur desquelles ces insectes, alléchés, malgré les distances, par l'odeur (tant leur odorat est exquis !) se sont creusés un passage. Les larves y pénètrent, toujours, précisément dans le point de contact le plus immédiat du fruit avec la tablette, afin de pouvoir passer de l'une dans l'autre, sans éprouver l'impression de l'air et de la lumière ; les Termites atteignent aussi les fruits, en passant dans les vides qui les y conduisent et dans lesquels ils peuvent circuler à l'abri de ces fluides élastiques ; ainsi des citrons coupés en deux, placés sur un manteau de cheminée de marbre, à l'endroit où il est uni aux pierres qui en forment les parois latérales, étaient dévorés par ces insectes ; les Termites s'étaient glissés dans le joint qui séparait ces pierres.

Les marrons étaient placés au premier étage, sur un plancher de sapin, les larves des Termès gravirent, d'une cave non-voûtée, dans le vide que laissaient entre-eux un enduit de plâtre et le mur qu'il recouvrait ; à l'endroit où l'enduit ne permettait plus le passage facile de ces insectes, ils le percèrent, ainsi que le papier tapisserie qui était collé sur sa surface, ils élevèrent alors une galerie, pénétrèrent de nouveau sous l'enduit ; arrivés au plancher, ils se frayèrent des chemins dans son épaisseur et passèrent, de là, dans les marrons qu'ils dévorèrent.

Les larves des Termès sont très-friandes de farines conservées dans des barils ou dans des sacs. Aussitôt après que des sacs qui en étaient emplis, avaient été placés debout, pour un temps très-court, sur les dalles d'un couloir, au rez de-chaussée de la maison du boulanger, dont le voisinage était si fâcheux, les Termites y pénétraient et les sacs étaient sans fonds, lorsqu'on les enlevait. Les mêmes observations faites à Rochefort dans les magasins qui reçoivent la farine, chez les pâtissiers, chez les autres boulangers, ont été faites à Charente, à Saint-Savinien, à Soubise, à Saint-Nazaire, au Port des Barques. Ces observations qui prouvent quel est l'appétit des Termites pour la farine, et les sens exquis, de ces insectes, qui la leur découvre et les guide à de longues distances de cet aliment qu'ils préfèrent, trouvent une nouvelle preuve dans les détails que je reçus de M. le docteur Savigny, peu de jours avant sa mort.

Les Termites occupent à Soubise, à la droite dn débarcadère, les bureaux de la douane, où ils ont fait de grands dégâts, et d'où l'on a été forcé d'ôter les archives, tandis que le corps-de-garde voisin est peu endommagé. Deux causes peuvent aider à rendre raison de cette différence, d'un côté le silence des bureaux, l'appat des papiers, de l'autre le bruit du corps-de-garde et l'absence d'un mets préféré.

Les maisons situées au nord du chenal sont ravagées ainsi que les jardins qui en dépendent. Les arbres les plus vivaces ne résistent pas à la voracité des Termites et les légumes sont tous dévorés, tandis que les maisons situées au S.-E. du chenal n'ont pas été atteintes, jusques à présent. Ainsi, pendant long-temps, un des côtés du bourg de Ciré était seul ravagé.

Rares dans les maisons bâties sur la croupe du monticule qu'occupe Soubise, les Termites n'y ont pas depuis longues années causé de dommages réels; mais la maison du boulanger située au milieu de la rue la plus élevée, en est infestée. Dans le même canton, il en est ainsi de la boulangerie de Saint-Nazaire; celle du Port des Barques n'en est pas exempte.

Le riz est aussi très-agréable aux Termites.

En 1818, des Termés s'introduisirent à Fouras, peu de temps après la récolte, dans un grenier plein de froment, appartenant à M. de Saint-Légier de la Sausaye; ils y avaient déjà fait de grands dégâts, lorsqu'on enleva cette récolte. A Saint-Savinien un sac d'avoine placé, pour peu de temps, chez M. B. eut également le fond détruit.

Les produits artificiels des végétaux que les larves des Termès recherchent, sont le chanvre, la toile, le linge, le papier; elles s'y portent avec plus d'avidité, lorsqu'ils sont mouillés ou placés dans des lieux humides.

Pendant l'absence des propriétaires de la première maison où les Termès furent découverts, leurs larves avaient détruit un jeu de voiles (1), une caisse remplie de papiers, etc.

On connaît les dégâts que ces insectes ont faits dans un des magasins de chanvre du Port.

Les Termites ont détruit plusieurs Jeux de voiles dans la voilerie du Port. La plupart des actes déposés chez un de MM. les Receveurs de l'enregistrement ont été rongés de même par ces larves. Dans la même maison, du linge humide, négligé sur un plancher pendant une maladie, fut dévoré. Ailleurs, ils ont détruit plusieurs registres, plusieurs rames de papier, et j'ai vu ces insectes, attirés par un tas de vieux papiers mouillés, se porter au grenier de la maison, où il était placé, et le dévorer aussitôt.

Rochefort dit, dans l'ouvrage que j'ai déjà cité, que les Termès qu'il a observés ne mangent pas les parties imprimées des livres ; les larves des Termès qui exercent ici leurs

(1) On donne le nom Jeu de Voiles à la réunion de toutes celles nécessaires à la marche du bâtiment.

ravages n'épargnent ni les livres, ni les papiers peints en noir avec de l'encre.

Un pharmacien conservait, à la cave, de l'acide hydrochlorique, dans un flacon recouvert de papier noirci avec l'encre; ce papier fut entièrement dévoré, mais celui qui enveloppait le goulot de ce flacon fut épargné; ces insectes furent, sans doute, repoussés par le gaz hydrochlorique qui s'échappait entre le goulot et le bouchon du flacon.

Les larves des Termès n'attaquent pas, avec la même facilité, la plupart des bois abattus, débités ou mis en œuvre. Le liége, les bois blancs, les différentes espèces de peupliers, de pins ou de sapins sont ceux qu'ils choisissent; en général, les moins durs, les moins anciennement abattus sont plutôt attaqués que les autres; ils préfèrent d'ordinaire l'aubier au bois parfait; souvent ils rongent la base altérée d'un support de bois de chêne, puis rebutés par la dureté de ce bois, qui n'est plus altéré, ils élèvent des galeries à sa surface, pour se porter à de très-grandes hauteurs, où ils sont attirés par des bois plus mous, ainsi ils s'élevaient, à la *Vieille-Forme*, sur les piliers de bois de chêne goudronné qui en supportaient le toit, pour aller s'établir dans des poutres de bois blanc qui soutenaient plus immédiatement la couverture, à huit ou dix mètres d'élévation. Ce toit, dont les principales pièces étaient dévorées par les Termites, a été démoli dans la crainte qu'il ne s'écroulât. Celui qui l'a remplacé est soutenu par des piliers de pierre.

J'ai vu, en 1842, les Termites dans quelques écores de chêne des bâtiments encore sur les chantiers; sur la plupart des autres écores, se voyaient les traces nombreuses du passage de ces insectes, qui en avaient rongé l'aubier, dans toute son étendue, quelquefois dans toute la longueur de l'écore : la partie ligneuse en était peu ou point altérée.

Quelques-uns des piliers des vieux hangars, d'une admirable solidité, qui recouvrent les plus gros vaisseaux de construction, étaient altérés, même dans le ligneux, et l'eau retenue dans les cavités creusées par les Termites, ajoutait à ce dégât. On voyait sur les écores des vaisseaux construits sous ces hangars, la plupart des altérations observées sur celles des bâtiments construits à l'air libre.

On ne peut s'empêcher d'admirer avec quelle adresse ces insectes rongent un bouchon de liège eufoncé avec force dans le goulot d'une bouteille pleine, et comment, après l'avoir entièrement creusé, ils l'abandonnent avant que la paroi qui soutient le liquide et qui est cependant ramenée à la moindre épaisseur possible, cède à la pression et permette à ce liquide de s'écouler.

Les matières résineuses préservent les bouchons, qu'elles recouvrent, de l'action des Termites, lorsque ces bouchons en sont parfaitement enduits; mais si quelque point de ces bouchons était mouillé, lorsqu'on les cachète, et que la matière résineuse n'y ait pas contracté d'adhérence, les Termites pénétreraient bientôt, par ce point, dans l'intérieur du bouchon et le détruiraient. Ils attaquent de préférence les bouteilles remplies de vin blanc.

Ces insectes font, d'ordinaire, ces sortes de dégâts dans les celliers, dans les caves; pour arriver au bouchon, ils construisent, quelquefois, des galeries sur le corps même des bouteilles; la trace qu'y laissent ces galeries ne peut pas être effacée par les frottements, par le lavage et même avec acide nitrique, ce qui prouve que cet insecte porte avec lui une humeur qui a la propriété de corroder le verre, dont elle détruit le poli. Cette humeur sert, sans doute, à lier les molécules des corps que les Termites emploient à la construction des galeries; elle exerce une action chimique sur le sable siliceux que choisissent les Termites de Rochefort, différents, en cela des Termites Africains, qui, au rapport de Sméathman, forment, dans les savanes, des nids en monticules, avec une argile noire que ces insectes prennent à quelques centimètres du sable blanc. (*Relat.*, p. 426).

Les Termites, en rongeant les cercles des tonneaux pleins de vin, ont souvent causé la perte du liquide que contenaient ces tonneaux : cela est arrivé, de même, en Afrique, au vieux vin de Madère de Sméathman..

Quel que soit le peu d'épaisseur des bois, rongés par les Termites, ces insectes suivent toujours la direction des couches concentriques. J'ai donné à feu M. le professeur Audouin, un segment, ainsi disséqué, de la première pièce sciée, en suivant sa longueur, d'un tronc non équarri d'un sapin maritime, destiné à faire des planches, dont le tissu vasculaire longitudinal, entièrement isolé du tissu cellulaire, ressemble très-parfaitement aux feuillets d'un livre.

Mais lorsque les Termites se sont établis, en assez grand nombre, et pendant un temps assez long, dans les poutres, chevrons ou solives, le centre en est entièrement détruit, et l'on ne distingue ces couches qu'à la circonférence interne des bois ravagés. L'œil le plus exercé ne reconnaîtrait pas, à la surface, les pièces ainsi creusées. Lors même que les parois ne conservent plus que l'épaisseur d'une division du millimètre, ces pièces paraissent absolument intactes; mais, alors, les parois cèdent et se brisent au plus léger choc, à la plus légère pression.

Les cavités creusées par les Termites dans les bois abattus, dans les autres substances qu'elles ont ravagées, dans les végétaux même vivants, contiennent une matière concrète dont le volume est relatif à celui des corps ravagés. Cette matière légère, d'un brun foncé, semblable à une pâte composée de molécules très-déliées, s'agglomère, dans les pièces de bois d'un grand diamètre qu'elles ont infestées, en masses irrégulières, assez grosses pour être creusées de méandres nombreux, sans direction certaine.

La gravure d'une de ces concrétions sur laquelle circulent de nombreuses larves de Termites bien dessinées, se trouve dans le volume ou Aldrovandi donne l'histoire, *de animalibus insectis*, à la suite de son traité sur les fourmis. Rien n'indique, dans le texte, l'espèce de fourmi dont cette concrétion serait l'ouvrage, ni d'où l'auteur l'aurait reçue; elle est évidemment le travail des Termites. Cette concrétion a beaucoup de rapports de configuration avec celle bien moins volumineuse que j'ai recueillie dans l'intérieur, détruit par les Termites, d'une très-grosse pièce de bois de chêne, qui faisait partie d'une calle ou tain d'un vaisseau. On ne peut s'empêcher de rapporter aux concrétions que j'ai observées, la figure que représente la gravure ajoutée par le naturaliste célèbre de Bologne, à son histoire des fourmis. (*Uliss. Aldrov. de animal. insect.*, in-fol., Bonon., 1602, liv. v, p. 534).

Ces concrétions, creusées de nombreuses sinuosités, sont sans doute formées de matières excrémentielles et du détritus des substances rongées, dont les molécules sont unies à l'aide de l'humeur versée par la bouche de ces insectes.

J'ai inutilement cherché, sur les parties altérées de bois de chêne, et dans les agglomérations ou les détritus produits de la destruction de ces bois, *les petits corps transparents gélatineux* que M. Latreille y a observés. Il est vraisemblable que ce naturaliste, qui a principalement observé ces insectes dans le département des Landes, a considéré, comme corps gélatineux, des parcelles de résine dégagées, par les Termès, des cellules de ce bois résineux. (1)

Les voyageurs racontent, avec quel étonnement ils ont vu, en Amérique, porter, sans effort, de longues planches, creusées par ces insectes ! Combien leur admiration n'eût-elle pas été plus grande, s'ils avaient vu à Rochefort, en 1797, un seul homme porter des poutres ainsi dévorées de plusieurs mètres de longueur et de 4 à 5 décimètres de diamètre.

Le ravage causé par ces larves était tel qu'on fut forcé, pour conserver une partie de la maison, d'où ces poutres avaient été enlevées, d'abattre les étages supérieurs et de renouveler plusieurs solives, plusieurs parquets, plusieurs boiseries.

(1) Je m'empresse de donner une nouvelle explication de la production de ces corps transparents gélatineux.

M. Schemidberger ayant observé que la femelle du petit scarabée *Trypodendron dispar* prépare, avec la sève du pommier qu'elle a creusé pour y déposer ses œufs, une poudre blanche destinée à nourrir les larves. Kollar pense que cette matière nommée *ambrosia* par Schemidberger, a une grande ressemblance avec les globules fongiformes trouvés dans les nourriceries des Termites de la Zône Torride, et mieux encore avec les parties gélatineuses observées par Latreille dans les galeries du Termès lucifuge.

Ces Termites ont déterminé l'écroulement des toits de plusieurs maisons.

Plusieurs pensionnaires assis à table, pour déjeuner, dans l'hôtellerie de la *Grâce de Dieu,* rue des *Trois-Maures*, sont tombés dans la cave, avec le parquet, dont les supports avaient été détruits par les Termites.

Comme l'indication des maisons envahies par les Termites, celle des habitations dévastées, eussent pu léser les intérêts des propriétaires qui cachaient ces dégâts, afin de tirer un parti plus avantageux de ces immeubles, je parlais, en général, dans mon mémoire, des accidents les plus graves causés par ces insectes. Ainsi, je ne désignai point le propriétaire de la maison, Rue Royale, dont l'affreuse dévastation avait excité, au plus haut point, l'inquiétude des voisins, qui avaient vus leurs habitations infestées de myriades de ces insectes, sorties de cette maison infestée, et qui, les premiers, appelèrent l'attention de l'autorité sur ce fléau.

Je compris même la chute du toit de la maison, rue des Trois-Maures, dans cette phrase, « l'écroulement des toits de plusieurs » maisons. »

Si je désignai par son nom l'hôtel, dont la salle à manger, entourée des convives attablés, s'éboula dans la cave, avec eux, c'est que cet événement, arrivé en plein jour, ne pouvait pas être tenu secret.

J'ajoute à ces sinistres l'éboulement de « la » toiture d'une maison de Saint-Savinien,

» qui paraissait parfaitement saine, laquelle » par la même cause s'est en entier abattue » sur l'étage inférieur. (*Rech.*, p. 556).

L'écroulement du toit d'une maison dans le village de Vandré, canton de Surgères.

Voici de nouveaux faits recueillis à Rochefort par M. le professeur Lefèvre, pour être ajoutés à ceux que mon mémoire avait fournis à M. Audouin.

Le toit d'un magasin, situé rue Duvivier, 20, soutenu par des bois de charpente, dont les extrémités reçues dans un mur bâti en moellons, avaient été rongés par les Termites, menaçait de s'écrouler ; ce toit fut étayé, et l'aubour des étaies de bois de chêne, employées à prévenir cet écroulement, fut bientôt détruit.

On a attribué la chute d'une partie du toit de la fonderie à l'action des Termites sur la pièce de charpente qui soutenait ce toit. Cette rupture ne fut pas spontannée, préparée par ces insectes, le poids d'un corps pesant qui y avait été suspendu, afin de le hisser, la détermina.

Une maison située rue de Saint-Pierre était envahie par les Termites. On se disposait à la réparer ; déjà un appartement avait été démeublé, lorsqu'on enleva une tringle, destinée à empêcher le passage de la poussière de l'étage supérieur dans l'inférieur. A peine cette tringle fut-elle détachée, que le plancher *s'abattit en grand*, du côté où avait été fixée la tringle.

La partie, fichée en terre, des bois qui servirent à l'échafaudage nécessaire aux réparations de cette maison, fut rongée, dans quelques jours, par les Termites, il fallut la retrancher.

Dans une maison située rue Lafayette, à l'angle nord de la rue des Fonderies, une poutre rongée par ces insectes faisait craindre la chute de la charpente ; on évita cet accident, en fixant cette poutre par des liens de fer. La charpente du Café Français, à Rochefort, a exigé de promptes réparations.

On lit dans une lettre de la société des Sciences Naturelles de la Rochelle, en date du 8 juin 1841, « les poutres de quelques » maisons de notre ville et de l'hôtel de la » Préfecture, entre autres, sont chaque jour » dévorées par ces insectes, que rien jusqu'à » présent n'a pu détruire. »

M. Disdier, juge-de-paix à Saint-Pierre, île d'Oleron, m'écrivait le 11 décembre 1842, « j'ai vu ces jours derniers, au bourg de » Saint-Georges presque toutes les poutres de » la toiture du presbytère entièrement ron- » gées, et l'on m'a assuré que la toiture de » l'église était infestée. »

A la suite des faits recueillis par M. Lefèvre, on lit qu'un haut fonctionnaire de la marine, qui habitait la maison de la rue des Trois-Maures, lorsque le toit s'en écroula, assure « qu'il n'y a pas de faits bien authenti- » ques de l'écroulement de constructions pro- » duites par la seule cause des Termites, que

» la vétusté et la vermoulure y contribuent
» beaucoup. »

Comment ne pas reconnaître l'action destructive des Termites, dans ces dangereux événements, lorsqu'ils n'affligent que les villes et les campagnes où ce fléau s'est répandu? Si la vétusté et la vermoulure étaient causes de ces sinistres, ce ne serait pas dans une des villes de date récente, dans des maisons construites depuis un petit nombres d'années qu'on aurait à les redouter. On verrait arriver ces accidents dans ces maisons à façades en bois, élevées depuis plusieurs siècles dans nos villes les plus anciennes, sur des soubassements en pierres, lesquels, par leur longue exposition à l'air ont perdu une grande partie de leur volume. Comme suspendues, bravant l'action destructive du temps, des météores et de la vermoulure, ces façades ne donnent aucune inquiétude. On n'a pas d'exemple de leur écroulement. Saintes présente encore plusieurs de ces maisons dont on fait remonter la construction à des siècles très-reculés. Il existe sans doute encore à la Rochelle plusieurs maisons dont les façades sont ainsi construites.

Les bois qui sont entrés dans la construction de ces maisons ont perdu, par la vétusté, leur arôme, vaporisé par la chaleur, la plus grande partie de leurs éléments nutritifs, délayés et entraînés par les météores aqueux, ces maisons sont ainsi préservées de l'action des Termites, tandis que des maisons neuves ou réparées depuis peu seraient dévastées. J'ai vu de vieilles cloisons de sapin, assises au rez-de-chaussée sur des dalles dont les lavages fréquents entretenaient l'humidité, rester intactes dans des maisons ravagées par ces insectes.

Les solives, les planchers, les parquets ne sont pas préservés des ravages des Termites, par les plafonds en plâtre qui les recouvrent; il semble, au contraire, que, plus tranquilles sous ces abris, les Termites y exercent de plus grands ravages. Leurs traces se distinguent aisément, sur le plâtre de ces plafonds, par des taches noires, par les galeries construites, à leur surface, et par les trous que les Termites y creusent (1) en suivant le parallélisme des liteaux de sapin.

M. Pelletier, pharmacien à Rochefort, a vu une galerie descendre perpendiculairement d'un plafond, se courber, puis, dirigée de nouveau vers le plafond, former ainsi une anse suspendue.

J'ai vu à Charente, au mois de mai 1842, le plafond d'une salle à manger détruit dans

(1) Une des causes auxquelles on doit rapporter les dégâts que les Termès exercent sur les plafonds, c'est l'habitude qu'ont contractée les plâtriers d'appliquer leur plâtre sur des baguettes équarries de bois de sapin de Bayonne, (Pinus sylvestris). Ces tringles humectées par l'eau employée à lier le plâtre, attirent les Termès. On éviterait ce grave inconvénient si l'on se servait des lattes de bois de chêne, comme on le faisait autrefois, mieux encore avec les tissus de fer vernissé de la fabrique mécanique rue Montmartre, 142, à Paris.

plusieurs parties très-étendues de sa surface; le plâtre, n'ayant plus été retenu par les liteaux que les Termès avaient rongés, était tombé.

Les larves des Termès, observées en Afrique par Sméatman, rongent tous les bois, excepté celui de fer; celles des Termites de Rochefort attaquent moins facilement les bois durs, tels que le chêne; ils entament d'ordidinaire, de préférence, celui qui a perdu de sa dureté, par son exposition à l'air, à l'action des météores, lorsqu'il est fiché en terre, ou couché sur sa surface. Dans ce dernier cas, leur action se borne souvent à creuser sa superficie de méandres irréguliers analogues à ceux que d'autres insectes pratiquent de même entre le bois et l'écorce des chênes abattus

Si ce bois est fendu, si les vides que laissent les nœuds entre eux et le bois qui les entoure, peuvent donner passage aux larves, elles s'introduisent dans ces fentes, ou dans ces vides et y portent leur action destructive, toutefois avec moins d'énergie que sur les bois tendres. Quelquefois, cependant, elles pénètrent dans des pièces qui paraissent avoir conservé toute leur intégrité, et n'avoir éprouvé aucune altération dans leur tissu. Peut-être y a t-il des espèces, des variétés de chêne qu'elles attaquent de préférence.

Mais lorsque les pièces de ce bois ont été long-temps exposées à l'action de l'air et des météores, alors les Termès y pénètrent avec facilité et les détruisent enfin. On a pu voir à la *Vieille-Forme,* et dans le Port, des calles découvertes (1), composées de très-grosses pièces, dont la plupart renfermaient des myriades de ces insectes; ces calles ont été entièrement détruites; d'autres les remplacent.

Par le soin qu'on a pris d'espacer les pièces de bois entassées, qui forment les tains ou les chantiers, sur lesquels on construit les vaisseaux, les Termites, plus à découvert, s'y portent moins; on peut mieux observer leur marche et rompre les galeries qu'ils dirigeraient sur la quille de ces vaisseaux. Ainsi l'on évitera des dégâts qui ont exigé, dans d'autres temps, des réparations difficiles et dispendieuses.

Quoique je n'aie pas vu de Termites, dans les nombreux pieux enfoncés sur les bords de la Charente, dans le Port de Rochefort, ces insectes, que leur instinct éloigne de l'eau, portés par des bois qu'ils avaient infestés, livrés au courant des flux et reflux de la Charente, arrêtés par ces pieux, s'y seraient réfugiés pour échapper à la submersion. Ainsi des Termites établis dans les bois portés par le flot, arrêtés par une écluse isolée, dans un des canaux de dessèchement du marais de Saint-Louis, à un kilomètre, ou à-peu-près, de Rochefort, ont évité la submersion, en envahissant cette écluse, que les intéressés du

(1) Ces calles sont des plans inclinés, formés de la réunion d'une très-grande quantité de pièces de bois d'un grand diamètre, pressées les unes auprès des autres, et sur lesquelles on construit les vaisseaux.

marais de Saint-Louis, réunis en 1842, ont arrêté de faire établir en fer. D'autres écluses en bois sur ces canaux, ont été également détruites.

Quelques naturalistes pensent que les larves des Termites versent, sur les bois qu'elles attaquent, une humeur propre à les ramollir, et à les disposer à l'action de leurs machoires. Ceci peut être vrai pour quelques espèces, mais la rapidité et la facilité avec lesquelles les larves des Termès de Rochefort divisent les bois mous, la difficulté qu'ils ont à traverser les bois durs, me semblent prouver que ces insectes n'ont pas besoin de ce suc auxiliaire, ou qu'il n'agit pas avec assez d'activité sur ces derniers bois.

Telle était l'opinion que je m'étais formée, d'après mes observations, souvent renouvelées lorsque je lus, dans les recherches de M. B. de Saint-Savinien (p. 553), que cet observateur ayant enfermé 1200 neutres et quelques ailés dans une caisse d'acacia, avait vu ces Termites, d'abord incertains de leur marche, se ranger ensuite processionnellement et chacun d'eux, formant un temps d'arrêt, frapper de sa partie postérieure, à deux ou trois reprises, exactement le même point, lequel s'humectait de plus en plus. M. B. qui avait eu l'idée que le liquide versé avait la propriété de ramollir ce bois, y vit en effet, peu d'instants après *les dents jouer sur les deux points humides*. (*Rech.*, p. 553).

Cette observation importante, me sembla

mériter d'être exposée de la manière la plus claire.

Comme M. B. a reconnu une différence notable parmi les neutres, dont les uns ont des mandibules courtes, et les autres la tête plus longue du double, fauve ou ferrugineuse, garnie de deux dents ou cornes. (*Rech.*, p. 547).

Je priai cet obligeant observateur d'avoir la bonté de me dire quels étaient, parmi les neutres, ceux qui attaquaient, avec leurs dents, les deux points humides ? Voici la réponse que je reçus de M. B.

« Le mot adulte dont je me sers, a sans doute
» rendu ma phrase obscure... Je n'ai parlé de
» neutres adultes, que pour les distinguer de
» plus jeunes neutres de toute grosseur in-
» férieure... Vous pouvez tenir pour constant
» que se sont les *neutres à fortes mandibules*
» et *ceux qu'on nomme soldats* à tête *longue-*
» *fauve et à cornes, dont j'ai vu jouer les*
» *dents* sur les points humectés. »

Saint-Savinien, 10 mars.

Signé BOFINET.

Ces détails étaient d'autant plus nécessaires quant à l'action destructive des *dents* ou *cornes* des soldats, que j'avais seulement observé, très-fréquemment, les mouvements alternatifs automatiques d'écartement et de rapprochement de ces organes et que je ne les avais jamais vus chargés des produits de la destruction qu'ils auraient opérée, ni des matériaux propres aux constructions; je regardais, même, comme une faute de traduction, la phrase où Sméathman paraît associer les *combattants aux travailleurs, dans la construction des galeries*, (*Relat.* p. 439) et je croyais avec ce voyageur célèbre (ainsi que j'en reste convaincu), *que les pinces, en forme d'alènes aigues des soldats, ne peuvent servir qu'à percer ou blesser, objet que les soldats africains remplissent parfaitement* (*Relat.* p. 429); tandis que ces organes, chez les Termites plus petits du département de la Charente-Inférieure, utiles sans doute, dans la conduite et la défense des travailleurs, sont seulement menaçants pour les agresseurs.

Les Termites loin du mouvement, du bruit, tranquilles, se livrent incessamment à leur instinct destructeur. Ainsi on ne les a trouvés dans les parties basses des vaisseaux en construction, les plus rapprochées des tains, dont la réunion forme les cales ou chantiers, qu'alors que la construction de ces vaisseaux avait été suspendue pendant longues années.

Ainsi, depuis que l'hôtel de l'intendance de la marine, occupé par les bureaux de son administration, n'est plus livré aux soins exigés dans l'habitation d'un administrateur supérieur de la marine et de sa famille; depuis que le frottage n'y est plus, ou presque plus employé, les Termites y exercent de grands dégâts.

Une petite maison bourgeoise, bâtie au Bois-Rambeau, commune du Breuil, à deux kilomètres de Rochefort, ayant cessé d'être habitée, les Termites l'envahirent bientôt après, et détruisirent liteaux, chassis, les autres ouvrages de menuiserie ou de charpente, et n'épargnèrent aucuns des bâtiments destinés à l'exploitation du petit domaine, au milieu duquel cette maison était assise. Les arbres du jardin, les plantes qui y croissaient, avaient été également soumis aux mêmes dégâts.

Le bruit n'éloigne cependant pas toujours les Termites.

Un serrurier laborieux, ouvrier dans les ateliers du port de Rochefort, avait établi une forge dans la maison qu'il habitait, pour y travailler le soir, à sa rentrée du port. L'enclume était fichée dans un billot de chêne placé sur un terrain humide. La chaleur jointe à l'humidité, attira les Termites, ils pénétrèrent dans ce billot qu'ils creusèrent profondément. Il éclata, tout-à-coup, sous le choc du marteau sur l'enclume, une énorme quantité de ces insectes sortit alors des débris de ce billot.

Je crus que l'éloignement du bruit, dans cette forge, pendant la journée, avait permis aux Termites de creuser ce billot. Mais voulant vérifier un rapport, en apparence erroné, qui m'avait été fait sur les Termites, et qui l'était en effet, M. Bofinet en confirmant mon opinion, m'écrivit que ces insectes avaient envahi une auge de bois, pleine d'eau placée dans le sol d'un atelier de forge à Saint-Savinien; que le billot de l'enclume, établi, non loin de cette auge, avait également éclaté sous le choc du marteau qui battait le fer, tous les jours, sur cette enclume, et que des milliers de Termites enfermés dans ce billot s'étaient aussitôt répandus. Dans certaines circonstances, ces Termites entraînés par leurs appétits peuvent donc braver les bruits qui, dans d'autres temps, les éloigneraient.

J'ai fait remarquer que les Termites avaient exercé leurs ravages dans la maison dont les dégâts appelèrent en 1797 la vigilance de l'administration municipale de Rochefort, pendant l'absence des propriétaires. Ces nouveaux exemples doivent engager les habitants des maisons construites dans les pays infestés par les Termites, à ne laisser jamais ces maisons inhabitées pendant l'été et à y faire exercer, durant leur absence, les frottages répétés des planchers et les autres précautions nécessaires. Les locataires doivent les employer pour la garantie de leurs meubles et de leurs effets.

Des labourages profonds, et souvent répétés, peuvent seuls éloigner les Termites des jardins.

M. Renaud aîné, propriétaire à St.-Georges, île d'Oleron, donne l'indication d'un procédé à l'aide duquel on préserve les arbres fruitiers de l'atteinte des Termites. Ayant observé que les larves de ces insectes n'attaquent les arbres qu'à 5 à 6 centimètres, à contre-bas du sol, après la maturité des fruits et leur récolte, M. Renaud creuse, au commencement de l'automne, au pied de chaque arbre, une sorte de godet, à la profondeur de 20 à 25 centimètres. Les larves s'éloignent dès que le trou est fait; elles n'en approchent pas tant qu'il reste ouvert. On le comble à la fin du printemps. La terre est remuée de temps à autres, durant l'été. Le succès est plus assuré si le terrain est arrosé avec un mélange de cinq cents grammes de goudron de houille (coal-tar) et deux mille grammes d'eau.

L'opération de découvrir le collet des arbres qui portent des fruits à noyau, des amandes, arbres que les Termites attaquent de préférence à Saint-Georges, aurait aussi l'avantage de retarder la floraison de ces arbres, de préserver ainsi les fleurs des gelées tardives et d'assurer la récolte des fruits.

Quand on a vu les ravages qu'exercent ici les larves des Termès, la première pensée qui se présente est de chercher à détruire ces insectes; l'histoire de leurs mœurs, de leurs habitudes nous indique combien leur destruction offre de difficultés.

Portera-t-on, dans le sein de la terre, les agents délétères? Mais quelles sont les limites de l'empire des Termès?

Essaiera-t-on de les atteindre dans les pièces de charpente, dans les parquets, dans les boiseries? Quel fluide élastique assez subtil, quelle substance assez tenue pourraient pénétrer dans l'intérieur de ces pièces, lorsque l'orifice, qui a donné entrée à ces insectes, échappe à la vue par sa petitesse; lorsqu'il est caché dans l'épaisseur des murailles ou creusé dans le sol qui soutient les boiseries. La chimie n'a pas d'agents assez subtils.

J'ai dit dans l'épaisseur des murailles; qu'on ne croie pas, en effet, que les constructions en pierre préservent des ravages de cet insecte; à la vérité il ne perce pas les pierres, mais il se glisse dans les interstices qu'elles laissent entre-elles, traverse l'épaisseur des murs, ou s'élève dans leur sein, suivant que son instinct le dirige.

On détruira bien, à volonté, quelques Termès avec l'eau bouillante, avec l'essence de thérébentine et autres agents de destruction, mais comment anéantir la race? La larve n'est point découragée, elle recommence ses travaux et ne les abandonne que quand on l'obsède.

La destruction des Termites dans un espace très-étendu à la ronde des habitations, ne serait pas un motif de sécurité. Comme ceux d'Afrique, des Termites très-éloignés conduiraient leurs galeries souterraines jusque dans nos foyers (*ibid.*, 419); l''isolement des habitations est d'ailleurs impossible dans les villes.

Chanvallon, dans son voyage à la Martinique, dit: « On a trouvé un moyen aussi ef-
» ficace que prompt d'arrêter leurs ravages
» (d'une espèce de Termès) et de les détrui-
« re eux-mêmes, c'est l'arsenic; on en met
» seulement une pincée dans leurs ruches par
» un petit trou qu'on y fait, ou dans un des
» chemins couverts qui y conduisent: au

» bout de quelques heures, des milliers de » poux, qui étaient assemblés dans cette ru- » che, périrent tous, sans exception. » (*Voyage à la Martinique*, p. 113 et 114; et *nouv. Dict. d'hist. nat.*) J'ai plusieurs fois, pendant le même été, porté de l'arsenic en poudre dans les galeries que les larves des Termès avaient élevées sur l'écorce d'un abricotier, sans que cette substance ait produit l'heureux effet annoncé par Chanvallon; j'ajouterai que, plein de confiance dans le procédé de ce voyageur, j'arrosai d'une solution d'arsenic faite dans l'eau, la terre la plus voisine des murs d'une cave, d'où les Termès élevaient de nombreuses galeries. Que ce moyen parut d'abord avoir été suivi de succès; mais cependant les Termites ne furent pas détruits. Ce même procédé ayant été employé, dans une autre cave, on observa les mêmes effets, et les Termites, qui paraissaient avoir suspendu leur ravages, dévorèrent, bientôt après, les racines d'ache (*Apium graveolens*) qu'on y avait déposées. Cependant j'ai entendu attribuer à l'arsenic l'éloignement de ces insectes d'une maison qu'ils avaient infestée. Sans nier la part qu'a eu l'emploi de ce moyen, je ferai observer que la maison mitoyenne d'un boulanger, où les Termites étaient attirés par la chaleur du four et par une alimentation abondante de farine, a été démolie, puis construite de nouveau; qu'il n'y a plus de four et, par conséquent, ni température élevée, ni farine, qui attirent si puissamment les Termites.

M. Senné, Docteur-Médecin, à Surgères, m'écrit qu'il y a trente ans, au moins, les Termites avaient envahi, dans le bas Vandré, village peu éloigné de ce chef-lieu de canton, un vaste cellier (nommé chaix en Saintonge et Aunis); que le propriétaire, pour préserver les bâtiments voisins de ce cellier, et détruire les Termites qui l'occupaient, avait fait abattre ce bâtiment sans en enlever aucun bois de charpente, ni le matériel qu'il contenait. Que le feu avait été mis à cet amas; que le résidu de cet incendie et le sol qu'il recouvrait avaient été embrâsés, à plusieurs reprises, et qu'après avoir fait enlever tous les restes de cette dévastation, on avait construit, sur le même emplacement, un nouveau cellier.

Les précautions de n'employer que de nouvelles pierres, de choisir des bois de charpente recueillis sur des propriétés, plus ou moins éloignées de Vandré, d'enduire les extrémités des pièces de charpentes, reçues dans la maçonnerie, d'une dissolution d'oxide blanc d'arsenic, de les goudronner ensuite, n'empêchèrent pas les Termites d'envahir de nouveau, peu d'années après, les bois de charpente et le matériel de ce cellier, d'où ils passèrent dans les autres bâtiments, dans un jardin contigu, et dans un pré-luzerne voisin, dans lequel leurs galeries nombreuses rappèlent les sillons que les campagnols tracent dans nos prairies pendant les années désastreuses où ils nous désolent. D'autres maisons de Vandré recellent des Termites. Charmeneuil à l'Est de Vandré est aussi infesté. On accuse à Vandré des barriques infestées, venant de Rochefort, et à Charmeneuil, de vieux meubles apportés de la même ville, d'y avoir introduit ces dangereux insectes.

S'il n'est pas possible de détruire les Termès, y a-t il des moyens de préserver, de leurs ravages les établissements publics et les maisons qui, jusqu'à présent, ont été hors de leur atteinte ?

Nous trouverons dans l'histoire naturelle du Termès et dans celle de ses habitudes, des difficultés aussi grandes à surmonter, pour préserver ces établissements, que nous en avons trouvé pour détruire ces insectes.

En effet, les larves des Termès dirigées par des sens exquis, par un instinct qu'on ne peut s'empêcher d'admirer, quoiqu'il soit aussi destructeur, ont la faculté de se porter, par des souterrains, du sein de la terre où elles se tiennent, dans les lieux où elles peuvent exercer leurs ravages. Si elles trouvent des obstacles, elles bâtissent des galeries, franchissent ainsi ces obstacles, et atteignent bientôt le but qu'elles s'étaient proposé. Ce que j'ai raconté de leur travail, prouve la finesse de leurs sens et la sagacité de leur instinct.

Mais en supposant qu'on trouvât des moyens d'écarter les larves, quels sont ceux qu'on pourrait employer pour se préserver de l'insecte parfait, dont un couple peut, dans son vol, porter sous les toits, dans les boiseries, dans les caves, les germes d'une nombreuse génération ?

Il me reste à faire connaître les moyens de remédier aux ravages causés par les Termites, et d'en arrêter les progrès dans les habitations anciennement ou nouvellement bâties, et à présenter de nouveaux modes de constructions qui soient absolument inattaquables par les Termites.

Dans les anciennes maisons, où ces insectes élèvent des galeries sur les parois intérieures des caves voûtées, on détruira journellement ces galeries, jusqu'à ce qu'une température plus basse force ces Termites à se réfugier dans leurs souterrains. On exercera la même surveillance sur les tains de bois et sur les tonneaux pleins ou vides auxquels les tains servent de supports. Ces tains seront goudronnés avec soin.

Cette vigilance sera plus nécessaire, encore, dans les celliers et les caves non-voûtés. Dans celles séparées du rez-de-chaussée par un plancher porté sur des solives et des poutres, il faudra, encore, visiter soigneusement les pièces de bois en contact avec les murs, les extrémités de ces pièces qui sont reçues dans les cavités creusées dans ces murs, parce que les Termites ont pu s'y introduire, sans qu'aucune galerie décèle leur passage parce que l'humidité favorise leur instinct destructeur. J'en ai fait connaître les déplorables effets.

A ces dégâts commençants, on opposera, d'abord, des injections faites avec l'essence de thérébentine, dans les cavités où ces bois sont reçus; puis ensuite on y injectera une solution saturée, faite dans l'eau, de savon arsenical ou de l'huile arsenicale.

Mais si les pièces étaient trop altérées, il faudrait les enlever et les remplacer par une voûte, ou substituer le fer, le bitume ou les carreaux, au bois.

On suppléera partout, et surtout au rez-de-chaussée, au lavage des planchers par leur cirage; l'odeur de la matière qu'on emploie à cette préparation, les vibrations communiquées au plancher par le frottage, troubleront les Termites, qui ne sont jamais plus dangereux qu'éloignés du bruit.

Les lambris, les boiseries des pièces situées au-dessus des caves, seront aussi visités avec soin; s'ils portaient des traces de destruction avancée, on les sacrifierait. Des briques placées de champ, élevées à la hauteur des lambris, couvertes de plâtre, où seraient distinguées les plinthes, les cimaises, les moulures et autres ornements, remplaceraient ces lambris. Par le même procédé on suppléerait aux autres boiseries détruites.

La surface interne des autres boiseries moins altérées seraient goudronnées avec soin. (Par l'épithète *interne* j'indique la surface qui touche les murs.)

On laissera, au moins, deux centimètres d'intervalle entre les murs et les meubles, dont les besoins de tous les instants n'exigent pas un fréquent changement de place.

Des lames minces de plomb, d'un diamètre un peu plus grand que celui des pieds des meubles, seront mises sous chacun de ces pieds.

Il sera nécessaire de déplacer ces meubles, plusieurs fois par mois, dans les saisons chaudes; on les visitera avec soin, de même que ceux qui, fixés dans les boiseries, ne peuvent pas être changés de place. Cette visite serait même nécessaire, dans le voisinage des cheminées, des tuyaux de chaleur, des poëles, de tout foyer enfin, dont la température, plus douce, inviterait les Termites à quitter leurs demeures souterraines.

Les meubles, fixés aux boiseries, seraient enlevés, ainsi que ces boiseries, s'ils avaient été envahis par les Termites. On se bornerait à y appliquer les préservatifs indiqués, si le dommage était peu étendu, et, par une surveillance active, on s'opposerait aux progrès de ces insectes.

Les mêmes précautions, les mêmes soins seront nécessaires dans les autres étages; il faudra détruire les galeries, harceler les larves. Les boiseries, les meubles, y seront soumis à la même surveillance, à l'action des mêmes agents répulsifs.

Les plafonds modernes, établis avec des baguettes de sapin de bayonne, dans les maisons anciennement bâties, exigeront des perquisitions encore plus sévères, les Termites, attirés par ce bois odorant, et imprégné de l'eau du plâtre gâché, passent de ces baguettes dans les solives, dans les planchers; ils peuvent ainsi envahir la maison.

On détruira les plafonds occupés, même récemment, par les Termites. Après avoir constaté l'état des solives et des planchers, si le dégât est peu grave, on y opposera les répulsifs. Les baguettes de sapin seront remplacées, dans les nouveaux plafonds, par les tissus de fer vernis de la fabrique mécanique. (Paris, rue Montmartre, 142.)

Les plafonds seront ainsi préservés des ravages des Termites, leur solidité sera assurée, le plâtre choisi et bien préparé embrassera en effet les fils vernis. Le placement des tissus de ces fils exigera moins de temps que celui des baguettes de sapin, et les propriétaires, qui redoutent le danger de nos plafonds, adopteront avec empressement ce nouveau mode, aussi solide qu'économique.

Mais si le dommage a profondément altéré les solives et les planchers, il faut les détruire, et remplacer les solives par le fer, et les planchers par le bitume ou des carreaux liés entre-eux par cette substance répulsive.

Je n'indique pas, ici, les voûtes plates en briques et en plâtre, parce que les murs n'ayant pas été construits de manière à résister à l'action du plâtre, lorsqu'après avoir été gâché, il augmente de volume, par l'effet de la cristallisation confuse qui s'opère, les murs ne pourraient peut-être pas résister à cette action.

Mais si, comme un ingénieur très-habile me l'a assuré, un mortier préparé convenablement, avec la chaux hydraulique, un sable pur et de l'eau qui ne contînt pas de sels déliquescents, pouvait remplacer le plâtre dont ce mortier n'a pas les inconvénients, il ne faudrait pas hésiter à préférer de construire les voûtes avec ces matériaux.

On emploie le béton dans le Vivarais dans toutes les constructions.

Il faut étendre ces mêmes soins, aux magasins destinés à recevoir les produits naturels ou artificiels des êtres organisés.

Les différentes espèces de blé, de graines potagères et fourragères, seront placées au centre des greniers, à vingt centimètres de distance des murs, cet intervalle sera visité tous les jours, mais l'inspection devra surtout s'exercer au rez-de-chaussée, sur les mêmes murs, sur les solives et les planchers qui, au premier, portent ces denrées. C'est par là que l'invasion des Termites est menaçante.

Les grands magasins de chanvre, de lin, de coton, de fils, produits de ces végétaux; les voileries, les voiles; les toiles à voiles, tous les autres tissus abondants de chanvre, de lin, de coton, de soie, de laine; la farine en sacs ou en barils; le riz, le sucre, le papier, les livres, le cuir seront placés sur des estrades en fer portées par des piliers du même métal, ou par des pierres d'une seule pièce, de cinquante à quatre-vingts centimètres de hauteur.

Ces estrades seront assez éloignées des murs d'enceinte pour faciliter autour d'elles, le passage, le placement et l'enlèvement des marchandises.

Pendant le printemps et l'été une visite journalière sera faite sous l'estrade, pour y détruire les galeries élevées sur ses supports. Les Termites ainsi inquiétés, cesseront leurs tentatives; mais pour y revenir, si la surveillance était négligée.

Dans les magasins de détail, des supports en fer, scellés dans le sol, unis par des traverses de même métal, porteront des tablettes de bois, ou mieux de tôle, éloignés de deux ou trois centimètres des murs. On y placera les substances appétées par les Termites, les unes, telles que les fils et leurs tissus, dans leurs enveloppes ordinaires de toile ou de papier, les autres, dans des boîtes de métal.

On ajouterait beaucoup à la sécurité, si le sol des magasins, au rez-de-chaussée, était revêtu de bitume.

Des précautions analogues seraient prises dans les bibliothèques, dans les bureaux, pour préserver les livres, les registres, les cartons, les papiers.

Des tringles transversales, fixées aux supports verticaux postérieurs, empêcheront ces objets d'être en contact avec les murs.

propriété, il a fallu chercher parmi les exotiques.

M. Granier de Chassaignac, dit bien qu'il y a à la Guadeloupe « un grand nombre d'ar-» bres incorruptibles, comme le cèdre. (*Voy.*, » *aux Antil.*, 1re *partie*, p. 82.) Que des ar-» bres gigantesques y pourrissent couchés les » uns sur les autres. (*id.*, p. 88.) Que le » chemin ouvert par les nègres, dans ces bois, » serpente, comme il peut, pour éviter le tronc » des grands arbres tombés en travers sur le » passage, et trop monstrueux pour être bri-» sés ou détruits. »(*id.*, p. 89.) Puis réduisant, plus loin, le nombre des espèces de bois incorruptibles, il en trouve six qui servent à construire des charpentes éternelles. (*Id.*, p. 107.)

Quand on compare les observations de ce voyageur avec celles de Sméathman, on reconnaît la différence des procédés que la nature emploie dans les différents climats, pour reprendre les éléments de nouvelles combinaisons. A la Guadeloupe, elle abandonne la décomposition de gigantesques végétaux, à l'action lente, quoique incessante, de la chaleur et de l'humidité; en Afrique, les Termites creusent rapidement les troncs des arbres les plus gros, les réduisent en molécules les plus tenues, sans altérer leur surface, de sorte que Sméathman, après avoir escaladé un de ces troncs, à la hauteur d'un mètre se sentit descendre avec une telle violence, qu'outre la secousse qui lui froissa les dents et lui disloqua les os, il fut précipité la tête la première, au milieu des arbres et des buissons voisins. « Il » eut été, dit cet auteur, plus sage à moi de » chercher à monter sur un nuage. » (*Relat.*, p. 451.)

On vante aussi beaucoup la dureté, la pesenteur, la durée de plusieurs arbres de la Nouvelle Galles du Sud.

Mais presque tous les arbres qui croissent sous la Zône Torride sont détruits par les Termites. Laudson en excepte, toutefois, celui qui, à Bombay, sert à la construction des vaisseaux, probablement le Thec. (*Tectona grandis.*, L.)

Au rapport de Sméathman, le bois de fer, seul, résiste à ces insectes. Le pin Huon jouit de la propriété de les éloigner. (1)

La difficulté de se procurer des bois de ces espèces, le prix auquel ils auraient été élevés, ont fait rechercher les moyens de les remplacer, en imprégnant nos bois, nos arbres même indigènes, de substances qui conserveraient les bois, en augmentant leur compacité, et éloigneraient les insectes.

Migueron, un des premiers, présenta les bois préparés par les procédés qu'il avait découverts, et qui réunissaient ces avantages.

Bientôt après on soumit les bois à l'action des substances minérales, des sels à base mé-

(1) Cet arbre croît sur les bords de la rivière de Van-Hiemen. (Voyage de la Thétis et de l'Espérance autour du monde, sous les ordres de M. de Bougainville en 1837, p. 481.)

tallique qui fournissent les poisons les plus actifs, sans avoir égard au danger d'exposer aux éfluves délétères de ces poisons (dont les plus efficaces sont aussi les plus volatils) les ouvriers employés à ces dangereuses opérations ; sans avoir égard aux graves inconvénients de mettre, ainsi, de grandes quantités de poisons, les plus actifs, dans les mains de la multitude.

D'après les recherches de John Knowles, sur les moyens de conserver les bois, beaucoup d'autres substances salines à bases métalliques alcalines, moins dangereuses, furent aussi proposées.

Le goudron minéral obtenu de la distillation du charbon de terre, conseillé par Becker, ainsi que celui de la tourbe, un siècle avant qu'on l'eut employé en Angleterre, a cessé de l'être à cause de l'odeur désagréable qu'exhalent les bois qui en sont recouverts ou imprégnés par une longue ébullition. Cependant Bethel renouvelle ces expériences sur le goudron du charbon de terre.

Le goudron riche de créosote, produit de la distillation du bois, a été aussi proposé; mais toutes les substances employées par la macération ne s'étendent qu'à une petite distance, dans l'intérieur du bois. Bréant tenta donc d'employer la pression pour forcer les liquides préservatifs, à pénétrer dans tous les pores du bois.

Dès 1805, M. Mackonochie avait, dans le même dessein, exposé les bois aux vapeurs, aux gaz, qui se dégagent des bois résineux en combustion.

En 1812, M. Lukin voulut, par une expérience faite en grand, dans un édifice construit *ad hoc*, imprégner le bois, des vapeurs, des gaz qui se dégageaient de la distillation, faite dans plusieurs vastes cornues, d'un mélange de bois résineux et de houille, mais une épouvantable explosion, qui renversa les édifices voisins et causa la mort de plusieurs personnes, empêcha de suivre cette expérience. (*Ann. marit.* 1825, p. 300.)

Depuis, Moll exposa des bois à la vapeur de la créosote.

M. le docteur Boucherie, qui a très-ingénieusement employé la propriété absorbante des vaisseaux des végétaux à l'imprégnation de toute leur substance, par le pyrolignite de fer, ayant ainsi donné plus de consistance au bois, pénétré d'ailleurs d'une substance répulsive, l'a, par ce procédé, préservé des atteintes de quelques insectes, mais les Termites ont également attaqué ces bois. (*Rech.*, p. 558).

Parmi ces préservatifs, l'arsenic et le sublimé corrosif, les plus efficaces, sans contredit, laissent encourir trop de dangers pour être admis ; ce que prouvent les observations suivantes.

On proposa de faire une sorte de mortier, avec une pyrite arsenicale, et d'en recouvrir les bois, pour les préserver des vers. En 1812, on se borna à faire faire un lavage avec une eau qui tenait en solution, ou en suspension, cette pyrite pulvérisée. « Les ouvriers em-» ployés à cette opération furent atteints de » tumeurs glandulaires, dont deux mouru-» rent. (*ibid.*, p. 301.) Les bois imprégnés » de sublimé corrosif, par la méthode de » Kyan, employés à la construction des vais-» seaux, ont déterminé des accidents graves » sur les équipages qui se trouvaient sous » l'influence réellement malfaisante de ces » bois. » (*ibid.*, Juillet 1842.) Avant que ces observations eussent appris le danger de ce procédé, M. l'Inspecteur du service de santé de la Marine, avait proposé de l'employer à la conservation des bois destinés aux constructions navales.

Le goudron riche de créosote, la vapeur de cette substance, employés suivant les méthodes de Bréant et de Moll, n'auraient contre elles que l'odeur forte et désagréable qu'elles répandent, et qui a fait rejeter le goudron minéral, mais leur préparation et leur emploi exigent des appareils et des procédés dispendieux qui augmenteraient beaucoup la valeur des bois, et leur odeur serait, d'ailleurs, peu supportable.

D'après ces considérations, et l'exemple des ravages que les Termites exercent, à Vandré, dans le cellier (chaix) qui a été construit sur le terrain qu'avait occupé un autre cellier détruit par les Termites ; quoique tous les bois qui étaient entrés dans sa construction ; le matériel qu'il contenait eussent été brûlés; quoique le terrain, bouleversé à dessein, eut été soumis à des combustions répétées, et malgré les précautions qui avaient été prises d'imprégner les bois neufs, employés à la construction du nouveau cellier, des répulsifs les plus actifs. Convaincu que les personnes qui ont construit, de nouveau, en totalité ou en partie, des maisons ruinées par les Termites, bâties 25 ou 30 ans, seulement, auparavant, n'ont pas pu employer, dans les villes, les moyens extrêmes mis en usage à Vandré, dans un cellier isolé, (moyens, toutefois, dont l'inutilité est démontrée). Je ne puis m'empêcher de croire que ces nouvelles constructions, plus ou moins rapprochées, de terrains et de maisons infestés, ne soient bientôt exposées aux mêmes ravages, et ruinées de nouveau.

D'ailleurs, après avoir observé la facilité qu'ont les Termites de se multiplier à l'infini, dans nos maisons, où ils trouvent, comme je l'ai démontré, tant de lieux de sûreté ; ayant la certitude que les Termites se répandent des villes infestées, dans les habitations, dans les campagnes jusques alors préservées de ce fléau ; que le mode de construction de nos maisons, les matériaux qui y sont employés fournissent les aliments et la température artificielle qui disposent à la reproduction, et de nombreux asiles, où tous les actes qu'elle exige peuvent s'opérer avec sécurité, il ne reste d'autre moyen de dissiper le fléau qui menace le département que de changer l'état des lieux d'où il se répand.

C'est pour atteindre ce but que je propose un nouveau mode de construire nos maisons: les Termites ne trouvant, dans ces nouveaux édifices, ni aliment, ni lieu de sûreté; livrés, sans autres abris, dans leurs souterrains, aux dangers des pluies adondantes, des submersions au froid des hivers rigoureux, succomberaient en grand nombre à ces intempéries; le reste pourrait être détruit, par le seul bienfait de la providence, de même que le furent au XVIIIe siècle les Tarets (*Taredo navalis*), qui s'étaient établis dans les bois des digues qui préservent la Holande de l'invasion de la Mer, et faisaient craindre la submersion de ce riche pays.

Voici le nouveau mode de construction que je propose d'employer.

Le sol des terrains sur lesquels on devra construire des caves, des celliers, des magasins destinés à recevoir des substances que recherchent les Termites sera imprégné du mélange d'eau et de coal-tar indiqué. (p. 87.) Il serait mieux de le couvrir de bitume. Le mortier des fondements; celui des premières assises élevées au-dessus du sol, serait mouillé du même mélange, ou mêlé à une autre substance bitumineuse.

Les caves seront voûtées.

A la place des planchers on emploiera au rez-de chaussée, le bitume ou des carreaux unis par ce minéral. Le fer *préparé pour les planchers* par M Rousselet, Paris, rue Neuve-Vivienne, 49, servirait de support au carrelage quand les caves ne seraient pas voûtées.

Les cloisons de séparation pourront être construites, ainsi que cela se pratique dans le département de l'Ardèche, « avec des bri-
» ques plates, ayant 33 centimètres de lon-
» gueur, 16 centimètres de largeur, 5 à 6
» centimètres d'épaisseur, unies par le plâtre
» et revêtues des deux côtés par une couche
» de mortier (1), que l'on peut recouvrir
» d'une couche de plâtre *mouillé* (2); ces cloi-
» sons sont fort solides. »

Les cloisons faites avec les tissus de fer vernissé, couverts de plâtre, telles qu'on en fait à Paris, dans des maisons particulières et dans des édifices publics, seraient préférables par la facilité de les construire, de se procurer les matériaux qui entrent dans leur élévation, et aussi, à cause de leur moindre pesanteur.

Le vide qui serait laissé, entre deux feuillets de tissu métallique, formant une seule cloison, lesquels seraient espacés de manière à ne pas occuper plus de surface que les cloisons faites

(1) On se sert à Viviers de mortier préparé avec la chaux hydraulique.

(2) On appelle plâtre mouillé celui qui, cuit et pulvérisé a été détrempé avec 10 ou 12 fois son poids d'eau. On l'agite, on le pétrit avec la truelle, puis on le laisse prendre en consistence de crême. Il sert à enduire les murs, les voûtes, etc.

avec des briques qui auraient 4 à 5 centimètres d'épaisseur; ce vide qui contiendrait une couche d'air, dans une sorte de stagnation, y perdrait sa faculté conductrice, conserverait la chaleur dans les appartements; les calorifères circuleraient, sans danger, dans les interstices de ces feuillets.

Les étages seraient séparés par des voûtes, construites d'après le procédé que décrivit, en 1821, pendant son séjour à Florence, Pictet, dont les savants ont ressenti si vivement la perte. Je laisse parler ce célèbre professeur.

« Le premier étage est de niveau à un petit » jardin botanique, à deux étages, destiné » aux plantes rares. J'ai vu là un tour de » force des maçons du pays (plâtriers) qui m'a » fort surpris; ce sont de grandes voûtes, en » briques, *fort surbaissées*, destinées aux » dépendances du jardin, construites avec la » plus parfaite régularité, et qu'on a élevées » sans cintres ou supports quelconques, en » bois, pendant la construction; bien mieux, » on m'a affirmé que le plâtre qui joint les » briques, est si prompt et si tenace que, de» puis le pied-droit de la voûte jusqu'à la » clef, *l'ouvrier la travaille par-dessus,* sou» tenu, vers la fin, par un arc de maçonne» rie fraîche, qui n'a lui-même aucun sou» tien, jusqu'au moment où les deux côtés, » qu'on travaille en même temps, se ren» contrent à la clef et se consolident réci» proquement.

» Lorsqu'on voit ces voûtes par-dessous,

» leur forme paraît si parfaite, qu'on ne peut
» se persuader qu'elles aient été, ainsi, cons-
» truites seulement à l'œil, comme au ha-
» sard, car le travailleur ne les voit que par-
» dessus. » (*Florence*, mars 1821, *Bib. univ.*, vol. 17, p. 158.)

Pictet ajoutait : « C'est en visitant les sou-
» terrains voûtés, contigus aux jardins, que
» j'appris cette particularité des voûtes en
» briques, travaillées sans cintre et par le
» dessus, que j'ai revues depuis, et dont je
» m'étonne encore plus que la première fois. » (*Ibid.*, vol. 19, p. 220.)

La manière de construire les voûtes, dans le département de l'Ardèche, « ne diffère
» guère de la méthode Italienne : on les y
» fait, en effet, sans *cintre ni support soli-*
» *de*. Le maçon doit laisser une retraite dans
» les murs à hauteur convenable, ou éta-
» blir un cordon, en pierre plate, à la mê-
» me hauteur, pour recevoir la première bri-
» que. L'établissement de la naissance de la
» voûte exige un assez long temps, si cette
» précaution n'a pas été prise. Dans tous les
» cas, le plâtrier construit son échafaudage
» à un mètre de la naissance de la voûte à
» construire, *et au-dessous d'elle*; il place,
» au milieu de son auge à gâcher, son eau et
» son plâtre ; alors, après avoir mouillé la
» partie qui doit recevoir la brique, et sor-
» ti celle-ci de l'eau, ou elle trempe, il prend
» deux ou trois truellées de plâtre, les gâche
» rapidement, en enduit le plat d'une brique,

» et la pose dans un angle de la retraite sur
» sa longueur, en formant, avec le mur un
» angle de 45 degrés; c'est en courant que
» l'ouvrier pose ces briques. Les trois ou
» quatre premières posées, il gâche, de nou-
» veau du plâtre, et continue son assise; il
» procède toujours de gauche à droite. »

» Quand cette première assise, cette nais-
» sance de voûte, est terminée tout au tour,
» on pose les cintres; il y en a deux placés
» diagonalement, c'est-à-dire partant des
» quatre angles et se joignant au mlieu, où
» il sont seulement sontenus par une solive
» légère. Si la pièce a plus de quatre angles,
» on place autant de demi-cintres; si la pièce
» est un carré long, on place deux cintres,
» comme dans une ellipse, c'est-à-dire, que
» les demi-cintres partant des deux angles
» rapprochés, se joignent à leur foyer natu-
» rel, qui se trouve distant de l'autre foyer,
» de toute la différence du grand au petit dia-
» mètre. Ces cintres sont construits en plan-
» ches très-minces, presque en voliges, et *ne*
» *servent, du reste, qu'à supporter le cor-*
» *deau*, que l'on pose de l'un à l'autre. On
» met quatre cordeaux qui sont tendus, tout
» simplement, à l'aide d'une brique attachée
» à chacune de leurs extrémités; on les fait
» glisser sur les cintres, au fur et à mesure
» de la construction, rang par rang.

» Quand la voûte est trop longue, on pose,
» au milieu des deux grands côtés, de l'un à
» l'autre, et partant toujours du même point,

» le dessous de la brique d'assise, un cintre » élevé un peu plus que les autres, de 2, 3 » à 5, 6 centimètres. D'ailleurs, l'ouvrier ne » suit pas exactement le cordeau; il s'élève » graduellement dans les mêmes proportions, » en s'éloignant du point de départ, qui est » toujours une extrémité jusqu'au milieu. » *Les cintres sont généralement très-surbais-* » *sés*, leur construction n'est point arbitrai- » re; le reste se fait avec une rapidité éton- » nante.

» Un ouvrier qui ne serait pas distrait de » l'atelier, ferait, par jour, 15 mètres de ces » voûtes. Nous avions, ici, un Italien qui les » faisait en dansant; c'est à la lettre. *On* » *pourrait, à la rigueur, construire ces voûtes* » *en-dessus; j'ai marché sur des voûtes à* » *moitié faites.* »

Cependant, notre correspondant regarde comme impossible le procédé employé à Florence. Le nom de M. Pictet est, toutefois, un garant de la vérité des détails que ce savant a donnés, sur la manière de construire les voûtes, à Florence.

« Quand deux ou trois rangs de briques » sont posés, on garnit les flancs en maçon- » nerie, et l'on construit, de deux mètres en » deux mètres, des éperons qui s'élèvent » presque au niveau de la clef; on laisse, » à cet effet, dépasser des briques qui » lient parfaitement la voûte à l'éperon.

» La voûte terminée, on l'abreuve, c'est- » à-dire que l'on gache une certaine quan-

» tité de plâtre, que l'on jette, très-liquide, » sur toute la voûte. »

Notre correspondant trouve cet usage nuisible, parce qu'on mouille, ainsi, le plâtre déjà sec de la voûte.

« Dans l'Ardèche, on pose sur la voûte » un plancher ou un carrelage ; dans ce » dernier cas, on garnit tous les vides de » sable. »

Mais, dans les lieux où vivent les Termites, les planchers les allécheraient ; on préférera les carreaux joints même, pour plus grande sûreté, avec le bitume, ou le bitume seul. On ne les placera qu'après avoir rempli tous les vides de sable. La sablière de Charas et celles qui donnent du sable de la même qualité, fourniraient à Rochefort le sable destiné à ce remplissage.

L'action répulsive qui s'opère, par l'effet de la cristallisation, dans le mélange du plâtre et de l'eau, est presque nulle sur les murs, bâtis dans le département de l'Ardèche, avec « la première chaux hydrau- » lique du monde (la seule qu'on emploie » à Viviers) ; son mortier durcit comme la » pierre, son béton devient roche. Cepen- » dant on augmente un peu l'épaisseur des » murs des maisons qui doivent être voû- » tées en plâtre ; on leur donne 70 à 80 » centimètres d'épaisseur, au rez-de-chaus- » sée, un peu moins aux étages supérieurs. » Les voûtes subissent seulement un mou-

» vement d'élévation à l'instant de la cristal-
» lisation du plâtre.

» Quand la voûte est terminée, on l'enduit,
» immédiatement en-dessous, d'une couche
» de bon mortier, plus tard on l'enduit de
» plâtre et on l'orne.

» Les maisons de Viviers n'ont générale-
» ment que deux étages, plusieurs sont en-
» tièrement voûtées, il n'y a de bois qu'au
» toit; on donne, quelquefois, une épais-
» seur double aux murs des édifices.

» Tels sont les murs du grand séminaire
» de Viviers, qui a 400 chambres, ou envi-
» ron, toutes voûtées à ses quatre étages;
» ainsi l'on fait dans le département de l'Ar-
» dèche des voûtes très-plates et très-solides.
» J'ai vu, ajoute mon correspondant, des
» voûtes de plus de 8 mètres au carré, tel-
» lement surbaissées qu'elles ont au plus 60
» centimètres de ceintre.

» Lyon, Vallon, département de l'Ardèche,
» une autre carrière distante de 25 kilomè-
» tres de Viviers, dans le département de la
» Drôme, fournissent le plâtre; celui de Lyon
» est préféré, pour faire les ornements.

» Ces plâtres doivent être employés dans
» les deux ou trois mois qui suivent leur ex-
» traction, sans quoi, exposés à l'air et à
» l'humidité, ils *s'éventent* et perdent ainsi
» la force d'attraction et de cohésion, à la-
» quelle est due la faculté de tenir suspen-
» dues les voûtes de briques *sans ceintres ni*
» *supports solides*.

O

» On fait cuire ces plâtres, à la chaleur » du four; on les met en poudre, et ils sont » vendus par sacs, dont chacun contient 80 » à 100 kilo.; chaque sac vaut 3 fr.

» Les briques, à voûte, ont 20 à 25 centimètres de longueur, 10 à 12 de largeur, » 5 à 6 et même 7 d'épaisseur. Elles sont » faites à la main, avec l'argile ordinaire, » bien pétrie; on les fait cuire dans des » fours, chauffés pendant *huit* et *neuf jours* » *entiers*, puis toutes les ouvertures, cheminées et portes, sont fermées. Les briques » achèvent de se cuire et de se refroidir ensuite, les douze ou quinze jours suivants. » Elles sont vendues 3 fr. le cent. Si on les » faisait à la machine de M. Terrasson, qui » permet d'en faire, à l'aide de trois hommes et d'un cheval, 3,000 et plus, par » jour, on les aurait à bien meilleur marché.

» *Le prix des voûtes, tout compris,* » *c'est-à-dire, plâtre, brique, mortier,* » *enduit en-dessous et garniture aux flancs,* » *est de trois francs le mètre carré.*

» Dans le toisé, on fait entrer le développement du ceintre, qui est du quart et même du cinquième, selon la convention; » sans la convention, c'est le tiers.

» Les briques pèsent un kilogramme cinquante grammes; il faut 35 à 40 briques, » 5 ou 6 kilogrammes de plâtre, eau *idem*, » pour un mètre carré; 2 fr. à 2 fr. 50 c. » de façon.

» Viviers fournit d'excellents ouvriers; on » en trouverait moyennant un bénéfice hon-

» nète, et leur voyage payé; ils auraient » bientôt formé des élèves. Depuis que le « séminaire, et son voisin, *le colossal couvent* » du bourg Saint-André, sont terminés, il ne » vient plus de plâtriers d'Italie; Viviers four- » nit les plâtriers à 100 kilomètres à la ronde : « ils sont très-renommés, et gagnent, 3, 4, » 5 et 6 francs par jour. Le transport au » Rhône est très-facile, et le canal du Midi » porterait à bon marché, je crois, et en peu » de temps, ce que l'on voudrait.

« On fait aussi des plafonds; le prix est de » 2 fr. à 2 fr. 50 c. le mètre. On emploie des » liteaux de bois blanc, de 1, 2 ou 3 centi- » mètres d'épaisseur; ces plafonds sont assez » durables, mais ils se fendent. *Les voûtes* » *paraissent aussi plates.* » En ajoutant, dans les grands appartements, aux corniches, de larges moulures creuses, nommées gorges, comme on le faisait il y a quatre-vingts ans, on rendrait moins sensible, à l'œil, le développement du ceintre, que masqueraient encore des rosaces. (1)

Ces voûtes sont donc établies sur une zône qui appartient à l'ancien Languedoc, et s'étend de Perpignan à Lyon.

Depuis long-temps occupé de l'objet de ce mémoire, avant d'avoir reçu les indications que je donne ici, j'avais cherché à connaître quel était le pays qui fournissait les plâtriers exercés à construire ces voûtes plates; des

(1) Je dois ces précieux renseignements à mon très-honorable confrère M. le docteur Guiraman, médecin à Viviers. Je le prie de recevoir l'expression de ma reconnaissance.

renseignements certains, que j'ai reçus d'un artiste, dont la véracité n'est pas douteuse, et qui est du pays, m'a assuré que les meilleurs plâtriers sortaient de *Varallo*, vallée de la *Sésia*, en Piémont, d'où ils se répandent dans l'Italie et autres lieux. L'un d'eux du nom de *Zanon*, habite Fontenay dans la Vendée. Varallo et Viviers fourniraient donc la Charente-Inférieure de plâtriers exercés à ces travaux.

Il est utile de faire remarquer le soin avec lequel on procède à la cuisson pendant neuf jours; à l'achèvement de cette cuisson; au refroidissement, pendant les douze ou quinze jours qui suivent, des briques employées à la construction des voûtes, dans le département de l'Ardèche.

Un de mes anciens amis, dont le nom est moins célèbre pour l'élégant et solide exhaussement du phare de Cordouan, que pour avoir le premier appliqué, avec un succès éclatant, les lois de la catoptrique, à l'éclairage des phares, jusques alors abandonné à la routine, feu M. Teulère, l'un des directeurs du génie des ponts-et-chaussées, qui m'avait parlé de voûtes de briques, long-temps avant que j'eusse connu la méthode Italienne, de les construire, m'écrivait, il y a déjà longues années, qu'il en avait vu élever à Lyon en 1769, et que M. le Maréchal de Belle-Isle, qui avait reconnu la bonté et la sûreté de ces voûtes, avait fait venir du Roussillon, en 1740 et 1742, des plâtriers qui voûtèrent, en anse de panier, les écuries de son château de Bisy, lesquelles ont 40 mètres de longueur sur 10 mètres de largeur, avec des briques très-cuites, dites de *seconde cuite*. Que cette voûte avait une telle solidité, qu'un poids de 3,500 à 4,000 kilo., qu'on laissa tomber à dessein, sur le centre de cette voûte, y fit seulement un trou, sans y causer d'ébranlement. M. Teulère ajoutait : « D'après cette expérience, » M. le Maréchal fit voûter, de cette manière, » tous les bureaux de la guerre à Versailles, » pour éviter les incendies. »

Il est regrettable que les mêmes matériaux, et des ouvriers aussi exercés, n'ayent pas été employés à la confection de la voûte de l'Eglise de Saint-Pierre de Saintes, sa ruine ne serait pas menaçante. Puisse sa restauration assurer sa solidité et sa durée!

Le succès de ces constructions doit-il être attribué à la nature de ces briques? Je ne le pense pas.

Les Romains employaient des briques que leur légèreté fit nommer briques flottantes. Fabroni fabriqua de ces briques en 1791, et comme l'analyse de la terre fossile, avec laquelle il les prépara, en a fait connaître les éléments, on pourrait les fabriquer partout. (1)

La légèreté des voûtes diminuerait leur effort de répulsion sur les murs; ceux-ci, moins épais, pourraient résister à cet effort, et l'attraction de la voûte vers le centre commun, serait moins puissante.

Nous ne terminerons pas ce que nous avions

(1) Cette analyse a donné : silice, 55; magnésie, 15; alumine, 12; fer oxidé, 1; eau, 4.

à dire des précautions à prendre dans la construction des murs, des cloisons, sans recommander de construire en pierres ou en briques, dans les lieux infestés, tous les socles, toutes les plinthes, les chambranles, les supports des meubles placés à poste fixe, etc., etc.

J'ai montré *les édifices, tels que le colossal couvent* de Saint-Andréol; le grand séminaire de Viviers; la plupart des habitations de cette ville, etc., entièrement élevés jusques à la charpente qui doit soutenir la couverture, sans qu'aucun bois soit entré dans ces constructions. Je n'ai point de renseignements sur la confection de cette partie essentielle des habitations, dans les lieux où les voûtes plates remplacent les planchers, mais, dans les pays où l'on n'a pas à redouter les ravages des insectes destructeurs, tout porte à croire que les toitures, même métalliques, sont supportées par des charpentes en bois; il serait dangereux de suivre ici cet exemple.

Dans les maisons neuves, comme dans les maisons anciennes, dont les charpentes menacent d'une chute prochaine, la toiture, formée de zinc laminé, ou de tôle zincquée, sera supportée par des tringles de fer, seules, ou couvertes de tissus de fils de fer vernissés, soutenus, s'il était nécessaire, par des colonnes de fer fondu, ou par celui préparé rue Vivienne, n° 49.

On pourrait employer à la place des couvertures métalliques, dans quelques constructions, le ciment algérien, composé de cendres de bois, de chaux et de sable fin, passés au tamis, battus pendant 48 heures, avec des maillets de bois, en y mêlant, par intervalles réguliers, de l'eau et de l'huile, jusqu'à ce que ce ciment ait acquis assez de consistance. (*Voy. à Malte, en Algérie*, t. v, p. 345 et 346.) Ce ciment recouvre toutes les terrasses qui, en Algérie, forment la couverture des maisons; il est moins conducteur de calorique.

MM. Spencer et Taylor fabriquent, depuis longues années, avec une substance obtenue d'une terre bitumineuse que fournit le Parc, près Seyssel (Ain), un ciment que M. Pictet employa, un des premiers, à Genève, en 1816, (*Bibl. univ.*, tom. II, p. 173) à la couverture d'un bâtiment. Ce ciment, dont l'usage a été fort étendu depuis, pourrait être également employé à la couverture de ces constructions.

On choisira parmi les ciments nombreux, préparés, depuis quelque temps, avec des bitumes ou avec les produits de la distillation de différents combustibles qui, sous différentes formes seraient employés dans nos habitations, ceux qui, à la température de nos appartements, ne laisseraient dégager aucun éfluve, d'une odeur peu agréable.

On éviterait d'ailleurs cet inconvénient, en mettant en usage, à la place de ces matériaux, une composition employée dans la province de Guzarate, à Bassein, etc.; le capitaine des vaisseaux du Roi Pagès, en a recueilli la Recette que voici:

« Pierres molles pilées, liées avec du plâ-

» tre, de l'huile et du blanc d'œuf : ce pavé
» bien battu, est tellement lié et uni qu'il ne
» fait plus qu'une même pierre d'un vernis
» très-luisant, de la beauté duquel nos par-
» quets n'approchent pas, selon moi. »
(*Voy. autour du Monde*, t. 1, p. 256, Paris 1782.)

Les murs de nos maisons, solidement construites, ont, comme celles qui doivent être voûtées, à Viviers, département de l'Ardèche, 70 à 80 centimètres d'épaisseur, au rez-de-chaussée ; ils sont un peu moins épais aux étages supérieurs; la maçonnerie ne sera donc pas plus coûteuse que celle faite par les anciens procédés.

Le prix des cloisons est le même à Viviers qu'à Rochefort : en adoptant celles qui seraient faites avec le fil vernissé, fabriqué à la mécanique, recouvert de plâtre, il y aurait solidité plus grande et économie.

Dans le département de la Charente-Inférieure, les planchers, tout compris, chevrons, planches, pointes, pose, coûte, le mètre carré . . . . 7 f. » c.
Le plafond, même surface. 2 25 } 9 f. 25 c.

Dans le département de l'Ardèche, le prix des voûtes, tout compris, briques, plâtre, mortier, enduits en-dessous, garnitures au flanc, le mètre carré coûte. . . 3 f. » c.
Développement du ceintre 1 » } 4 f, 0 c.

Différence . . . . 5 f. 25 c.

Laquelle somme suffirait, bien évidemment, à l'achat et à la pose des ciments, des bitumes, des carreaux qui seraient employés à couvrir, sans luxe, une égale portion des voûtes, et à suppléer les planchers ; il y aurait également économie dans cette partie des constructions.

Cette économie sera bien plus grande, sur la construction des charpentes et des toitures.

En considérant, en effet, le prix des grosses pièces de bois de chêne ou d'acacia d'une grande longueur; celui des pièces plus minces de différents noms, nécessaires; joints à la valeur des lattes, voliges, planches plus épaisses employées dans les anciennes constructions, pour supporter les tuiles, les ardoises, les métaux laminés ; le prix de ces derniers objets de toiture, il sera facile de reconnaître que les moyens que j'ai proposés de remplacer toutes ces choses seront beaucoup moins dispendieux.

Les constructions nouvelles n'exigeront que de rares réparations : elles seront à l'abri des incendies.

Les propriétaires n'auront plus à payer les annuités d'assurances contre ces sinistres.

Ces constructions seront sûrement garanties de la dent des Termites ; toutes les substances qu'appètent ces dangereux insectes, y seront conservées avec sécurité.

Dans ces habitations, le sommeil ne sera pas troublé par la morsure de ces insectes aptères, dont le nom seul inspire de l'horreur ; ils n'y trouveront pas d'asile.

L'exemple que donneraient M. le Préfet de la Charente-Inférieure, et M. le Préfet de la marine, à Rochefort, en ordonnant des constructions, élevées d'après les procédés salutaires indiqués dans ce mémoire, contribuera puissamment à les propager. Il contribuera à préserver ce département et les établissements maritimes des ravages d'un insecte, d'autant plus dangereux que, long-tems inaperçu, il peut causer, comme à Rochefort, de déplorables accidents; nuire encore davantage, en se propageant, aux propriétaires des maisons, au commerce, à l'agriculture.

Nul autre objet ne mérite d'exciter autant la vigilance éclairée de l'administration. La reconnaissance des administrés, les éloges du Gouvernement, seront une récompense honorable du bienfait que MM. les administrateurs auront répandu sur ce pays.

Saintes. — Imp. de HUS.

OMISSIONS.

Page 13, note au bas de la page.

Les rats de campagne rongèrent les arcs, les carquois, les courroies des boucliers de l'armée de Sethos, à Péluse. (*Hérod*, *Euterpe*, ch. CXLI, p. 220).

Page XVI, note, Sméathman n'a donc pas eu raison de dire qu'en Afrique les autres fourmis sont aussi nombreuses sur la terre que les Termites en-dessous. (*Relat.*, p. 442).

ERRATA.

Page X, l. 31, t. II. —— l. 2.

Page XI, l. 2, Ptérodactyles (id., id). —— (id., id., ch. LXXVI), Ptérodactyles.

Page XIV, l. 26, Tamboucton. — Tombouctou.

Page XVIII, l. 25, Prasias. — Prasiens.

Page XXIV, l. 11, eza. — iza.

Page 27, excrémentielles. — excrémentitielles.

Noms des Personnes non-mentionnées dans ce Mémoire, desquelles j'ai reçu des renseignements.

MM.

AYRAUD, docteur-médecin à Rochefort ;
BOUYER, docteur-médecin à Marennes ;
BOURRU, pharmacien à St.-Martin, Ile de Ré. Il assure qu'il n'y a pas de Termites dans cette Ile ;
BURGAUD, membre du conseil-général ;
JOSSAND, docteur-médecin à Rochefort ;
MATHIEU, directeur des travaux hydrauliques à Rochefort ;
MERCIER, employé à cette direction ;
A. RENAULT, négociant à Charente ;
VIOLEAU, médecin à Charente ;
PELLÉCAT, de la Rochelle ;
SOTTA aîné, peintre à Saintes.

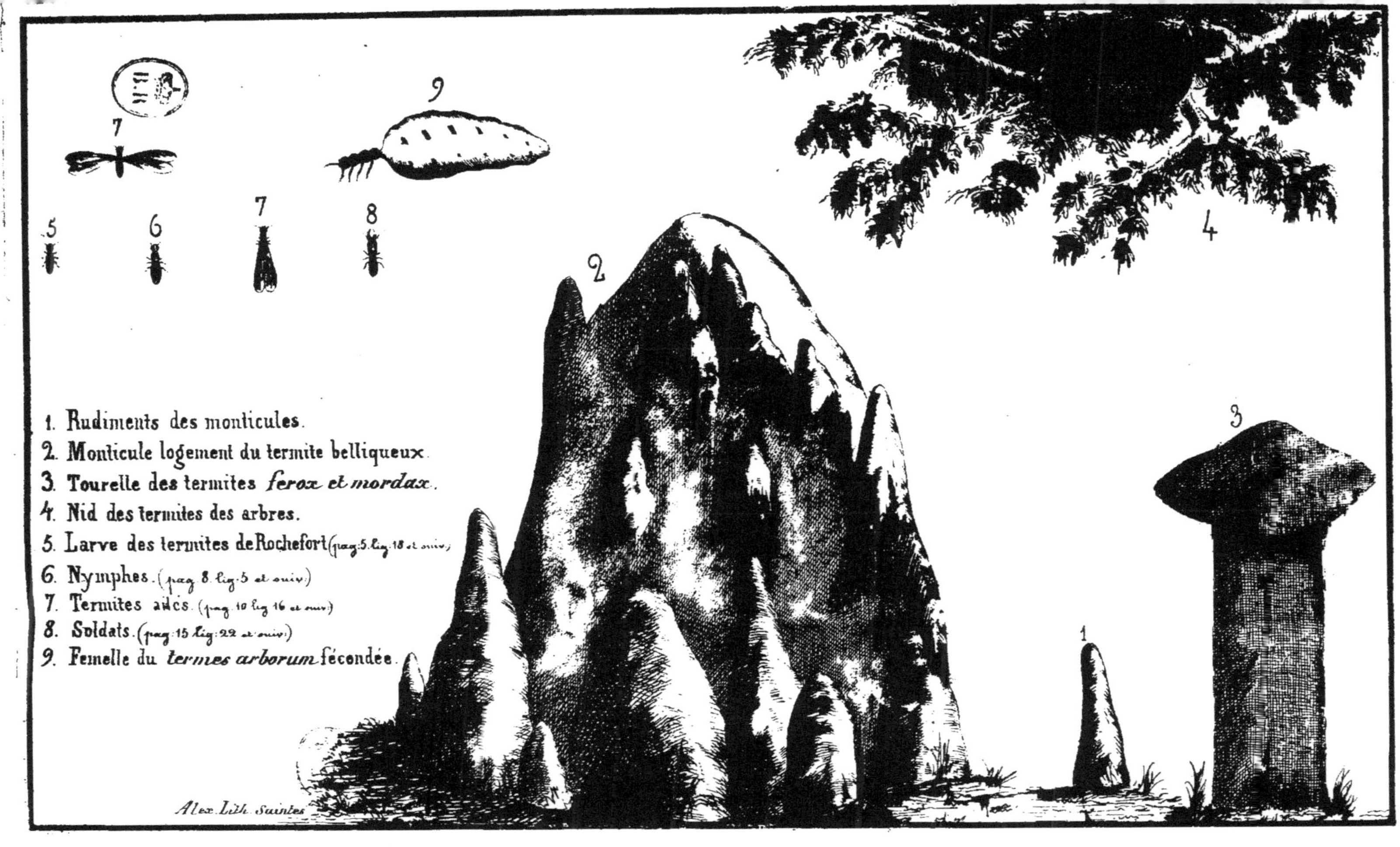
B.R
7
9
5
6
7
8
2
4
3
1
1. Rudiments des monticules.
2. Monticule logement du termite belliqueux.
3. Tourelle des termites *ferox et mordax*.
4. Nid des termites des arbres.
5. Larve des termites de Rochefort (pag. 5. lig. 18 et suiv.)
6. Nymphes. (pag. 8. lig. 5 et suiv.)
7. Termites ailés. (pag. 10 lig. 16 et suiv.)
8. Soldats. (pag. 15 lig. 22 et suiv.)
9. Femelle du *termes arborum* fécondée.
Alex. Lith. Saintes

www.ingramcontent.com/pod-product-compliance
Ingram Content Group UK Ltd.
Pitfield, Milton Keynes, MK11 3LW, UK
UKHW021149260726
13994UKWH00001B/356

9 782329 408057